高等院校教材

工程力学实验教程

王谦源　陈凡秀　韩明岚
张黎明　陈建林　编著

U0343026

科学出版社
北京

内 容 简 介

本书是为适应"加强实践教学、培养创新人才"的新世纪力学实验教学改革要求,根据教育部关于建设国家实验教学示范中心的指导思想编写的非力学类专业工程力学实验教材。本书从一般高校的实验教学现状和改革要求出发,贯彻内容先进、思想前瞻、投入小、受益面大的编写原则,不仅包含了原材料力学教学大纲规定的全部教学内容,同时纳入了理论力学实验,还推出了极具特色和创新的综合设计实验。

全书按照实验性质和实验方法划分为 8 章,依次为:绪论;实验数据的统计处理;理论力学实验;材料力学性质检测实验;电测应力分析实验;光测力学实验;综合设计实验;材料试验机,介绍的实验项目共计 30 余个。

本书可作为普通高校非力学专业大学本科生的工程力学实验教学用书,也可作为力学专业本科生、工程实验技术人员和实验教师的参考书。

图书在版编目(CIP)数据

工程力学实验教程 / 王谦源等编著 . —北京:科学出版社,2008
(高等院校教材)
ISBN 978-7-03-023069-0

Ⅰ. 工⋯ Ⅱ. 王⋯ Ⅲ. 工程力学-实验-高等学校-教材 Ⅳ. TB12-33

中国版本图书馆 CIP 数据核字(2008)第 149441 号

责任编辑:匡 敏 毛 莹 / 责任校对:桂伟利
责任印制:张克忠 / 封面设计:黄华斌

科 学 出 版 社 出版
北京东黄城根北街 16 号
邮政编码:100717
http://www.sciencep.com

三河市骏杰印刷有限公司印刷
科学出版社发行 各地新华书店经销
*
2008 年 9 月第 一 版 开本:B5(720×1000)
2015 年 1 月第六次印刷 印张:11 1/2
字数:200 000

定价:31.00元
(如有印装质量问题,我社负责调换)

序

  涵盖理论力学与材料力学内容的工程力学,对于相当多的工科专业来说,是一门专业基础课。学习它的意义在于:从工程应用的角度为初学者建立一个从质点、刚体到简单杆系变形体的静力、动力等力学问题基本概念和基本规律的基础。

  对于工程力学课程的学习主要体现在基础性和实用性两方面。基础性在于它弥补了大学物理中力学部分所没有涉及的内容,尤其是对于工程零件、构件乃至简单结构运动学、动力学和简单变形体力学的描述。实用性在于它当中的很多内容,已经在工程中获得了直接的应用。通过对该课程的学习,学生应达到如下预期目标:

  1. 掌握工程力学研究问题的理论和实验方法;

  2. 学会解决工程实际问题的技能;

  3. 为后续课程相应知识的学习奠定基础。

  王谦源教授等编写的这本工程力学实验教程,瞄准工程力学课程的预期目标,兼顾其基础性和实用性,具体体现在以下五点:

  1. 恰当地处理基础性和实用性这两个特性的平衡。"平衡的支点"如果选取不当,给学生构筑的该学科的知识结构将是不稳定的。

  2. 适当地调整理论教学与实验教学的比例。二者比例若偏重于一方,学生就会对工程力学产生误解,以为它是纯理论的学科或纯实验的学科,从而不能很好地理论联系实际。

  3. 正确认识课程的归纳与演绎的本质。理论力学主体上是演绎法体系,材料力学主体上是归纳法体系,二者的有机结合将展示给学生一个全面的逻辑系统。

  4. 对于演绎体系为主的课程,多为借助实验验证和演示理论推演的结论,起到实验检验理论的作用;对于归纳体系为主的课程,多为借助实验得到创建理论所需的基础出发点,起到基于实验探索理论的作用。

  5. 基础性与实用性兼具给我们带来知识、能力、素质三要素的思考。基础性课程的讲授以知识为载体,表现能力的生动作用,并使学生看到能力在知识创新过程中的活力,其素质也可以得到提升;而在课程的实用性方面,往往因为知识的好用,而没能对能力与素质给予足够的重视。

如果我们注意到上述五个方面,就会发现对于学生能力的培养和素质的提高,工程力学课程是其他课程不可替代的,其中,工程力学实验又具有其理论课程无法实现的作用。

王谦源教授长期带领团队从事工程力学的教学,为了适应 21 世纪实验和创新人才培养的要求,选择了一项富于挑战性的任务,编写了这本工程力学实验教程,他们在该教程中做了多方面的努力:

1. 教学思想具有先进性和前瞻性,强调实践教学在创新人才培养中的重要作用,强化实验环节,反映新的实验规范、实验技术和实验方法。

2. 单独为实验教学设课,不再把实验教学单纯依附于理论教学,要求开设理论教学 20％的学时的实验课。

3. 由基础型实验(单纯的验证性、演示性)扩展到提高型实验(综合性、设计性、应用性),上升到具有探索性质的创新型实验。

4. 对于材料力学的实验教学内容有了较大的调整和更新,对于理论力学的实验教学内容开展了积极的尝试。

5. 教程中理论力学和材料力学的比重权衡和内容融通处理得当。

6. 力求设备投入少,做到一机多用。

7. 解决了新老机器的取舍问题。

总之,该教程努力建立起一套完整、系统和先进的工程力学实验课程体系:回顾了力学实验的科学地位,梳理了工程力学实验教学的任务、内容和方法;按实验性质和实验方法划分章节的编排体系;细致入微地介绍相关的背景知识或发展概况,努力拓宽读者对于力学实验的认识空间;在把握实验教学主线的同时,尽可能反应新思想、新技术、新方法。

鉴于该教程具有上述提到的诸多优点,而且在教学内容、教学学时和使用设备上考虑了一般院校的实际情况,具有较好的普遍适应性,因此谨向教授和学习工程力学、理论力学和材料力学相应实验课程的读者们推荐。

隋允康[*]

---

* 北京工业大学校学术委员会副主任兼秘书长,力学学科负责人,工程力学部主任,力学博士后流动站、博士点和硕士点负责人,国家级精品课程材料力学责任教授,国家级工程力学实验教学示范中心主任,国家级力学教学团队负责人。

前　言

原本没有写书的打算,但是当想选一本满足实验教学和探索要求的教材时,却遇到了困难。细想起来也不奇怪,十几年的改革已使力学实验教学发生了很大的变化。一是在理念上,力学实验教学已从过去的辅助理论教学转变到相对独立的一个创新能力培养环节;二是教学内容从以验证性、演示性实验为主拓展到综合性、设计性,甚至研究性实验,实验学时也要求增加到理论课时的 20%;三是随着教学资源的整合和实验中心的成立,力学实验教学开始独立设课或独立组织,教学范围延伸到了理论力学甚至结构力学;四是教学设备开始步入计算机操作和控制时代。原来相对稳定、统一的教学内容和设备水平被打破,呈现出一种“百家争鸣”、变革和探索的局面,因此也就难以出现统领全局、适合众多需求的力学实验教材。在这种背景下,要求力学实验教材的统一既不科学也不现实,但只要定位得当,同样可以出好教材。正是由于近几年出现的一批优秀教材才为本书编写提供了丰富的参考和研究资料。

本书编写致力于解决以下四个问题:

(1) 面向一般高校。在教学内容、教学学时和使用设备上考虑一般院校的实际情况,有较好的普遍适应性。实验教材不可能对每个学校都适合,但主要内容或大部分内容适合比较多的学校是可以做到的。

(2) 常规实验要重视基本原理、方法和操作;综合设计实验要有特色,易推广,能提供比较大的创新设计空间。使读者通过力学实验受到再现基本理论、运用综合知识、认识工程问题、提高实验能力的基本训练。

(3) 教学内容和思想要有先进性和前瞻性。要反映新的实验规范、实验技术和实验方法,至少开辟这样的窗口,指出新的思路和途径。

(4) 设备投入少,占用空间小。力求一般实验容易开出,投入不大,做到不难,一机多用。

为了实现这些目标,本书编写中重点做了四个方面的努力和尝试:

(1) 拉伸与压缩、扭转、冲击、疲劳等材料力学性能检测实验尽量采用新规范、新符号,实验设备为通用试验机,实验方法与设备操作新老兼顾;设备介绍既不过细,也不致太笼统,重在基本结构、原理和使用上达到以小见大、触类旁通的目的。对于弹性模量、弯曲正应力、弯扭组合等电测实验,突出基本原理和方法,即使所用设备不同,仍能起到指导作用。

（2）选用"XL3418T 材料力学综合设计试验台"为电测实验和设计创新实验的教学平台。首先这是因为该试验台是在原"材料力学多功能试验台"基础上开发的,保留了原试验台的全部功能,而原试验台为定型产品,生产厂家不少,已被包括重点高校在内的很多高校选用。这样即使不换新试验台,也不会影响本书的使用。其次 XL3418T 型试验台有一个非常好的创新设计平台,能够设计出数十种桁架、刚架、压杆组合等结构形式,对培养学生的创新设计思维和力学分析能力十分有利。这个试验台综合设计能力强,价格不贵,市场前景好。

（3）理论力学实验设备选用了浙江大学庄表中教授开发的"理论力学创新与应用演示教学系统"。因为这套系统的组成相对固定,已被很多高校选用。这次教材编写完成了部分代表内容的教学体系构件工作,有利于充分发挥该系统的教学作用。

（4）努力建立一种比较完整、系统和先进的工程力学实验课程体系。为此,在绪论中总结回顾了力学实验的科学地位,论证梳理了工程力学实验教学的任务、内容和方法;确立了按实验性质和实验方法划分章节的编排体系,纳入了"实验数据的统计处理"一章内容;每章有概述,介绍相关的背景知识或发展概况,努力拓宽读者的力学实验认识空间。在内容安排上没有完全拘泥于实验学时的多少,在把握实验教学主线的同时,尽可能反映新思想、新技术、新方法,所以光测力学实验一章介绍了一些新方法。

在投笔收稿之际,深感此项工作的艰辛,很多同事也为此付出了很多劳动。参与编写或提供素材的情况如下。第 3 章:韩明岚;第 4.2～4.5 节:陈建林、纪彩虹;第 4.6～4.7 节:陈凡秀、陈建林;第 5.3～5.5 节:陈建林;第 5.6～5.8 节:张黎明;第 6 章:陈凡秀;第 7.2～7.5 节:张黎明;第 8.2～8.5 节:陈建林、纪彩虹、高倩。其余章节由本人主笔,并负责了全部章节的修改、提炼、补充完善或重写工作。另外,马鸿洋、张效伟以及硕士研究生李光辉、韩立亮等负责了部分插图的绘制修改工作。

由于作者水平有限,存在不当与错误之处在所难免,恳请读者批评指正。

王谦源

2008 年 8 月

目　　录

第1章 绪　　论

1.1　实验与力学实验的地位

从力学的发展史看,力学实验是力学科学建立的基础和发展的基本方法。力学的许多重要理论都直接或间接地和力学实验相联系。按照武际可先生的说法,"力学本质上是一门观察和实验科学"。

在 17 世纪以前的古代和中世纪,无论欧洲还是中国都已有关于杠杆平衡、重心、浮力、强度和刚度以及匀速直线运动和匀速圆周运动等一些力学概念的描述。古埃及金字塔、古罗马斗兽场、中国的都江堰及赵州桥等著名建筑也说明古人的力学经验积累已达到相当高的水平,但作为力学理论却是在人们重视和采用力学实验方法之后才逐步形成和建立的。"实验"作为一种科学研究方法最早由达·芬奇(Leonardo di ser Piero da Vinci,1452～1519)提出和运用,他因此在自然科学方面作出了巨大的贡献。达·芬奇研究过杠杆平衡、斜抛体和自由落体的运动以及摩擦对物体运动的影响,还做过铁丝的拉伸强度实验等。伽利略(Galileo Galilei,1564～1642)发展了达·芬奇的实验研究方法,创立了对物理现象进行实验研究并把实验方法与数学方法、逻辑论证相结合的科学研究方法。正是由于伽利略善于观察和思考,善于设计和运用实验方法,善于总结和分析,才有了比萨斜塔落体实验、小球斜面滚动实验等著名实验,也才有了摆的定律、惯性定律、落体运动定律以及相对性原理等重要理论的提出,从而奠定了经典力学的基础。伽利略在晚年(1638 年)出版的历史巨著《关于两门新科学的谈话和数学证明》一书中,除了动力学外,还有不少关于材料力学的内容。他讨论的第一个问题是直杆轴向拉伸问题,得到承载能力与横截面面积成正比,而与长度无关的正确结论;讨论的第二个问题是关于梁的弯曲实验和理论分析,正确地断定了梁的抗弯能力和几何尺寸的力学相似关系。他还注意到空心梁"能大大提高强度而无需增加重量"。因此,该书不仅是动力学的第一部著作,还被看做材料力学开始形成一门独立学科的标志。

在 17 世纪初至 18 世纪末的近两百年中,经典力学得以建立的一个重要原因,是伴随欧洲资本主义生产方式陆续取代封建的生产关系,商业和航海迅速发展对科学技术的需要,由伽利略发展和培根倡导的实验科学开始兴起,使得技术上的工匠传统和学者传统走向结合。17世纪中叶,欧洲各国纷纷成立科学院,如英国皇家学会、法国科学院、罗马科学与数学科学院、柏林科学院等,并为加强学术交流创办科学期刊。好几个国家甚至为满足航海需要悬赏解决经度的测定问题,促进了天文观测和对天体运行规律的研究。那是科学史上的一个灿烂时代,一大批科学家因为著名的实验、发明和发现而彪炳史册。在伽利略前后,有第谷(Tycho Brahe,1510~1601)的30年天文观测,盖利克(Otto von Guericke,1602~1686)的马德堡真空半球实验,胡克(Hooke Robert,1635~1703)的弹簧受力实验、重力实验,库仑(Charlse-Augustin de Coulomb,1736~1806)的扭秤发现和扭转实验,卡文迪什(Henry Cavendish,1731~1810)测量万有引力的扭秤实验等。这一时期开展的实验研究和积累的丰富观察资料,不仅促成了经典力学的建立,还对数学学科的发展产生了深远影响,促进了技术进步。望远镜和摆钟就是这一时期分别由伽利略和惠更斯(Christiaan Huygens,1629~1695)发明的。科学界也公认,如果没有伽利略、开普勒(Johannes Kepler,1571~1630)、惠更斯、胡克等在惯性、引力、行星运动、加速度、摆的运动等方面的研究和成果积累,就不会有牛顿(Sir Isaac Newton,1642~1727)三大力学定律的问世。牛顿能够完成三大力学定律的总结工作,除了当时的资料积累已经相当丰富外,很大一个原因是牛顿善于运用数学总结和分析。事实上,微积分就是牛顿在总结切线、求积、瞬时速度以及函数的极大值、极小值等与运动有关问题的数学方法过程中创立的。他运用自己创立的微积分论证力学定律,从而把经典力学确立为完整而严密的体系。即便是对微积分同样作出巨大贡献的莱布尼茨(Gottfriend Wilhelm von Leibniz,1646~1716)也有着非凡的物理学成就背景。他在1684年发表的《固体受力的新分析证明》一文中指出,纤维可以延伸,其张力与伸长成正比,因此他提出将胡克定律应用于单根纤维。这一假说后来在材料力学中被称为马里奥特-莱布尼茨理论。

对于实验在力学学科发展中的作用,武际可先生分为三类:第一类指建立新领域起开创作用的实验,如1883年雷诺关于管流转变为湍流的实验导致湍流理论的发展;第二类指验证已有理论的验证性实验,如1798年卡文迪什测定引力常数的实验;第三类指通过如光弹实验等模拟实验获得理论解的求解问题的实验。工程力学属于经典力学范畴,经过200多年的发展,力学早已脱胎于物理学,形成了理论力学、材料力学、弹性力学、结构力学、塑性力学、流体力学、断裂力学、振动理论等众多分支。特别是计算机的出现和计算科学的迅速发展,使得过去无法求解的问题有了计算分析方法,在某种程度上也可取代传统实验,但它不能从根本上代替实验,也许永远不能,这是因为:

(1) 经典力学研究的是宏观和中观问题,进入细观和微观层面后,许多理论不再适用,需要根据实验观察建立新的理论。

(2) 对于当今大量采用的复合材料、复杂结构材料以及岩体类非均质各向异性材料,尚需通过大量的实验研究,解决本构关系问题。

(3) 计算机解决工程问题至少要有两个先决条件,一是准确获得材料常数;二是力学模型反映实际。前一个问题需要通过实验解决,对后一个问题,即使解决了本构关系,在边界条件处理上也很难做到与实际完全相符。

与20世纪以前的力学工程相比,人们在当代航空航天、核能技术、大型桥梁水坝建筑、深井开采等工程领域遇到的力学问题更为复杂。这一方面使得力学实验规模日益扩大,如做流体力学实验用的风洞、激波管、水洞、水池,做动态强度实验用的振动台、离心机、轻气炮等就需要复杂的机器设备和精密的控制测量仪表,需要多种技术人员协同工作和强大的能源保证才能完成;另一方面,力学实验进入工程现场,适时观测、遥测和预报正在成为质量监控预防灾害的重要手段,许多重点攻关项目甚至直接做原位原型荷载实验。

因此,面向21世纪的工程人才培养,加强力学实验教学仍然具有十分重要的意义。

(1) 实验方法是发展科技的基本方法。如果说经典力学的产生是依靠实验和数学两大方法的话,现在则需要加上一个计算机,即实验、数学加计算机。无论是从事科学研究还是解决工程问题,都需要有良好的实验能力和素养。

(2) 经典力学不仅是现代力学的基础,也是目前工程设计和力学分析的基本方法和依据。只有理论学习和实验观察与分析相结合才能把握其精髓,提高力学的理论与分析水平。

(3) 力学实验能力是工程人才的专业基本能力。由于工程结构的复杂性和设计要求的不断提高,对力学实验的依赖性越发增强,工程技术人员需要了解和掌握常规的力学检测和力学分析手段,具有良好的实验分析和观察意识。

1.2 工程力学实验教学的任务

工程力学实验教学的任务是由工程人才的培养要求和工程力学的教学内容决定的。

　　虽然我国目前把工程力学划为力学下的一个二级学科，但作为教学课程，其内容却不是独立的。按照经典力学的划分，它应包括理论力学、材料力学、结构力学等分支以及近代固体力学和流体力学分支的一些内容。这些力学分支作为课程单独开设时，通常不冠工程力学名称。工程力学一般作为不单独开设分支力学课程的短学时力学课程名称，并且根据不同的专业要求有不同的内容组合和教学侧重。在内容选取上以理论力学，特别是静力学和材料力学组合的居多。面向土建类专业，包括部分结构力学内容的又多称建筑力学。

　　工程力学实验教学的情况则有所不同。过去在非力学专业的基础力学教学中，主要开设材料力学和流体力学实验，并且主要是作为理论教学的一个辅助环节开设一些验证性、演示性实验，理论力学和结构力学不开实验课。为适应 21 世纪的人才培养要求，我国提出了加强实践教学，培养创新人才的教育思想。在这一思想指导下，实验教学的功能和地位得到加强，主要体现在三个方面：

　　（1）改变重理论轻实践的教育教学思想，强调实验实践教学环节在创新人才培养中的重要作用。

　　（2）实验教学由单纯的验证性、演示性实验扩展到设计性、综合性或研究性实验，培养学生的实验和创新能力。

　　（3）实验教学不再单纯依附于理论教学，要求独立组织或单独设课。学时也要求提高到理论教学的 20％。

　　在这一背景下，不仅材料力学的教学内容有了较大的更新和调整，纷纷进行综合、设计实验的教学探索，而且积极开展了理论力学的实验教学尝试。在教学管理和组织上，力学实验室从逐步走向独立，到整合相关资源成立校级力学实验中心，为实验教学某种程度的独立运行或独立设课创造了条件。因而，将理论教学分散组织的各分支力学实验课作为一个整体统一进行安排和组织成为可能，形成了工程力学实验课的基本架构。

　　简言之，工程力学实验课并非是和工程力学理论课简单配套的实验教学环节，也不是科学研究意义上的工程力学实验。实际上，它是非力学专业基础力学有关实验教学环节的总称。当然，像工程力学的内容组合有所不同一样，工程力学实验的内容也因各校的教学组织不同而有所不同。本书以材料力学的实验为主，包括部分理论力学和结构力学实验内容，教学任务概括为以下几个方面：

　　（1）通过实验观察、验证和了解工程力学的一些重要理论和原理，巩固力学知识，深化对力学理论的认识。

（2）掌握材料力学性质或常数的常规测定方法，了解材料的变形与破坏现象，了解材料的常用检测设备和使用方法。

（3）掌握应力分析的常规方法，了解有关设备仪器的原理和使用方法。

（4）通过实验误差的原因分析，认识工程问题的复杂性和力学简化模型的局限性，提高力学分析和实验能力。

（5）进行科学实验的基本训练，培养学生严谨认真的工作作风，实事求是的科学态度，分工协作的团队精神，增强观察和发现、分析和解决工程实际问题的能力。

1.3 工程力学实验教学的内容

工程力学实验教学的内容是根据其教学任务和目的设计安排的，与科学研究实验和工程服务实验相比既有区别也有联系。"区别"指一些原理性、认识性或设计性实验，如弯曲正应力、偏心拉伸、桁架设计等虽然是来自工程的典型模型，但主要是为教学服务的，不具有具体的科研和应用意义；"联系"指实验的方法、所用的设备仪器及涉及力学性质或常数测定的一些实验与科研和工程应用密不可分。

按照实验教学示范中心的评审标准，工程力学实验教学的内容按层次分为三类：第一类是基础型实验，包括验证性、演示性等实验教学内容；第二类是提高型实验，包括综合性、设计性、应用性等实验；第三类指具有探索性质的创新型实验。本书采用按照实验性质和实验方法划分的方法，将工程力学实验内容划分为五类：

（1）理论力学实验。主要包括动静滑动摩擦系数测定实验，不可见轴转速测试实验，功率、转速、扭矩关系实验，单自由度振动实验，三线摆测转动惯量实验等内容。由于理论力学实验相对独立，单独列为一章。

（2）材料力学性质检测实验。包括材料拉伸、材料压缩实验，材料扭转实验，材料冲击、疲劳实验等。这部分实验的特点是所用设备和实验方法与科研和工程实验基本相同，在实验教学中具有十分重要的地位。

（3）电测法应力分析实验。包括弹性模量测定、弯曲正应力、偏心拉伸、弯扭组合等实验。其中大部分是验证性实验，但电测法是实验应力分析的主要方法，应变测量设备和方法与工程和科研实验完全相同。

（4）光测应力分析实验。包括光弹、云纹干涉、电子散斑以及数字散斑相关测量等几种方法的实验，既有演示性实验，也有提高或研究型实验。其中后三种光测法反映了国内比较先进的光测应力分析技术。

（5）设计性实验。主要利用已经开发并面市的材料力学综合设计试验台，开展桁架设计实验，刚架、压杆组合设计实验，桁架、刚架（或压杆）组合设计实验等。这部分实验模拟工程实际较好，结构设计形式多，可作为结构力学设计实验内容。

实验教学课的一个特点是教学内容与设备仪器密切相关。因此，教学内容还包括主要设备仪器的原理和使用介绍，本书将其单独列入一章。

1.4　工程力学实验教学的方法

实验教学方式与理论教学方式有着显著的不同，它是通过一定的检测或观测手段，模拟一个典型工程或生产生活实际的发生与发展过程认识理论探索未知的。学习、发现与训练的过程主要体现在动手操作、读取信息、分析总结几个主要环节上。在教学方法上概括为以下四个重要环节：

（1）实验预习。通过实验预习明确实验的目的、任务、原理、步骤和要求；使用的主要设备仪器、原理和使用注意事项，对实验过程中可能出现的问题和结果有所准备。

（2）实验准备。检查设备仪器的运行是否正常；必备的工具、量具、材料、器件是否齐全，摆放位置是否恰当；明确各成员分工和岗位。

（3）实验操作。严格按照操作规程操作设备仪器和读取记录数据，分析判断实验过程是否正常。发现不正常情况及时请教指导老师或中止实验。

实验操作完成后要请指导老师检查验收。验收合格后，按要求切断电源，整理现场，设备仪器、量具工具等归还原位，摆放整齐。

（4）撰写实验报告。实验报告是实验的重要环节，其作用不只是提交和报告实验结果，还起着保存原始实验数据、实验状态和实验条件的作用。写好实验报告，应注意：①按照实验要求填写实验的名称，所用设备、仪器、量具的名称、型号与精度，实验条件、实验状态以及实验人员和分工等有关资料；②整理分析原始记录数据，对于可疑的异常数据尽可能保留，不能随便剔除；③根据实验目的和要求的不同，分析表示实验结果，实验分析要严谨科学，实事求是，充分尊重原始数据，不要轻易放过可疑数据和异常现象；结果表达要清晰、简洁、规范，文字表述要层次清楚，语言流畅。

第 2 章　实验数据的统计处理

2.1　概　　述

工程力学实验是通过实验观测的数据获得力学内在规律的。由于实验过程受到主、客观多方面的影响,观测的数据通常存在多种误差甚至错误,这就需要我们对读取的数据进行分析判断,去伪存真,并对数据的可靠性作出基本估计,这个过程就是数据的统计分析。要想根据观测的数据获得力学内在规律,还需运用表格、图像、公式、数学模型或统计数值等方法清晰、简洁地表示输入输出量之间的关系,这个过程称为数据处理。本章主要结合工程力学实验,介绍实验观测数据的常用数学统计方法和数据处理方法。

2.2　数据记录与计算法则

2.2.1　有效数字

根据观测结果记录数据时,首先要明确有效数字的概念,以便正确地读取和记录数据。

通常称一个数字中任何一个有意义的数字为有效数字。所谓有意义,就是说数字具有可信性。例如,力学实验中的荷载、位移、应变,过去大多是用一组度盘显示的,在量具中,现在仍大量使用刻度。最小刻度线以下的一位,即两个最小刻度线之间的数字,根据观测者的判断读出被认为是可信的,可以称为有效数字。再下一位数字即使能够读出也认为不可信,不能称为有效数字,应当剔除。

在有效数字的记录中要注意"0"的不同角色,选择正确的记录方法。

当"0"处于有效数字之间时为有效数字,如 32.06 为 4 位有效数字。

当"0"处于第一个非"0"有效数字之前时为非有效数字,如 0.0086 的有效数字为 2 位。这种情况通常是由于单位变换,小数点前移造成的。

当"0"处于最末位,只要前面有小数点,就认为是有效数字,如 3.200、30.20、0.03020 等一组数的有效数字为 4 位。这种情况的"0"可看做读取的有效数字刚好为"0",不能随便去掉。

显然,有效数字的位数取决于测量仪器的精度,不能随意增减,必须采用与观测设备精度相应的位数记录数据。

2.2.2　有效数字运算法则

在数据处理中要对大量的有效数字进行运算,这就涉及运算结果的取位和舍入等问题,必须按照一定规则进行。常用的基本运算法则如下:

(1) 记录数据时,只保留 1 位可疑数字。

(2) 有效数字以后的数字舍弃方法是"四舍六入五凑双",即若末位有效数字后的第一位数字大于 5,则在末位上增加 1;若小于 5 则舍去不计;若等于 5 而末位数为奇数时增加 1,为偶数则舍去不计。

(3) 计算有效数字位数时,如第一位数字大于或等于 8 则可多算一位。例如,9.15 虽然只有 3 位,但可作 4 位看待。

(4) 进行加减法运算时,各数小数点后需保留的位数要与各数中小数点后位数最少的相同。例如,$12.58+0.0081+4.546$ 应写为 $12.58+0.01+4.55=17.14$,而不应算成 17.1341。

(5) 进行乘除法运算时,各因子保留的位数以有效数字最少的为准,所得积或商的有效数字位数也应与原来各数中有效数字最少的那个数相同。例如,$0.0121\times25.64\times1.05782$ 应写为 $0.0121\times25.6\times1.06=0.328$。虽然这后 3 个数的乘积为 0.3283456,但只应取其积为 0.328。

(6) 大于或等于 4 个的数据计算平均值时,有效位数增加 1 位。

2.3　误　差　分　析

2.3.1　真值与误差

被测物理量的实际值称为真值。真值是根据统一制定的标准定义的,这种标准是以长期不变的基准实物和标准器具的数值规定的,如 1m 长就规定为氪 86 原子在真空中的波长的 1650763.73 倍等。有时真值可以用理论公式表达,如三角形的内角和为 180° 等。但绝对的真值是无法获得的,因为大量广泛的测量工作无法让我们的测量仪器和国家标准比对,只能通过国家建立的多级计量检定网按照逐级计量传递关系对比。通常某一级仪器以比它高一级的标准器为比较基准,并将其基准量当做真值,称为相对真值。

测量得到的数值,一般与真值总是存在差异,这种差异称为误差。误差的大小,可用绝对误差或相对误差来描述。绝对误差反映的是测量值对于真值的偏差大小。但绝对误差往往不能反映测量的可信程度,如量程分别为100kN 和 1kN 的两台试验机,满量程测量的绝对误差都是 0.1kN,它们的可信程度显然不同。所以工程上一般采用相对误差,即用百分数表示的绝对误差与真值之比。若设误差为 Δ,测量值为 x,真值为 x_0,则相对误差为

$$\delta = \frac{\Delta}{x_0} = \frac{x - x_0}{x_0} \times 100\% \tag{2-1}$$

这样,量程为 100kN 的试验机,最大测量误差为 0.1kN 时,满量程的相对误差为 0.1%;而量程为 1kN 的试验机,满量程的相对误差则为 10%。显而易见,0.1kN 的绝对误差对 100kN 的试验机很小,对 1kN 的试验机则很大。

2.3.2 误差的分类

测量误差按其性质和来源可分为三类:系统误差、随机误差和过失误差。

1) 系统误差

系统误差是指测量过程中由一些固定不变的因素引起的误差,如试件安装的偏心,电阻应变仪的调平,仪器磨损和油污引起的灵敏度下降,测量者读数习惯不正确等所造成的误差。系统误差的特征是有一定固定偏向和规律性,找到产生误差的原因即可消除和修正。产生系统误差的原因通常有以下几种。

(1) 方法误差:主要由实验方法设计或测量方法所依据的理论、原理不完善造成,新开发的实验装置或实验项目容易出现这种误差。

(2) 仪器误差:主要由测量仪器、测试设备的调试或校准没有做好引起,测试中未按操作规程调平仪器设备容易引起这种误差。

(3) 安装误差:由于试件安装或结构组装不合理、调整不当造成的误差。

(4) 环境误差:由于温度、湿度、噪声、振动、电磁场等因素干扰造成的误差。

(5) 人身误差:由于测量人员的生理特点、心理状态以及个人习惯引起的误差。

对于系统误差,可以根据可能的产生原因认真排查分析,采取相应措施予以排除。有些情况下,也可采用实验方法的改进予以消除。例如,在拉压试件对称的两侧安装引伸计或贴应变片,取平均值作为变形值就可以消除偏心加

载引起的误差,这种方法称为"**对称法**"。再如,为了消除试件加载初期的变形非线性,采用逐级加载,取增量应变或变形的均值计算弹性模量,这种方法称为"**增量法**"。此外,为保证设备仪器的测量精度,应按规定定期请计量部门对设备仪器进行校准。

2) 随机误差

随机误差也称为偶然误差,指在条件不变的情况下多次测量时,误差的绝对值和符号变化没有确定规律的误差。随机误差主要是由于加载测试系统受到随机因素干扰引起的误差,即使将设备仪器预先调整到最佳状态,将系统误差控制到极其微小的程度也难以消除。通常所说的实验误差,或者说合理的误差主要指这种误差。

随机误差虽然由不明原因引起,难以控制和不可避免,实际上它与设备仪器的精密程度、运行稳定性、抗干扰能力等密切相关。通过设备仪器的改进完善、提高操作技能、改进实验方法等措施可以降低和减少随机误差。

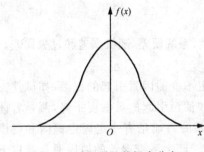

图 2-1　随机误差的概率分布

随机误差看似无规律,实际上有规律。如果用同一测量系统,在完全相同的条件下对同一测试对象进行大量次数的观测,可以发现结果呈正态分布,即每次观测结果尽管具有随机性,但总落在某一值域内的某一数值附近。这种分布(图 2-1)具有以下几个特征。

(1) 对称性:绝对值相同的误差出现的概率相同。

(2) 单峰性:绝对值小的误差出现的概率大。

(3) 有界性:绝对值很大的误差出现的概率为零,即绝对值大的误差不会超过某一有限值。

(4) 低偿性:实验测量次数无限多时,误差的代数和趋于零。

根据概率统计理论,如果影响某一数量指标的因素很多,每个因素相互独立以及所起的作用都很小时,这个数量指标就服从或接近服从正态分布,其数学表达式用概率密度函数表示。

$$f(x) = \frac{1}{\sigma\sqrt{2\pi}} e^{-\frac{(x-\mu)^2}{2\sigma^2}} \tag{2-2}$$

其中,μ 为随机变量 x 的数学期望,即均值;σ 则为 x 的方差。当 x 为随机误差时,显然 $\mu = 0$。

3) 过失误差

过失误差是由于操作人员的粗心大意、不按操作规程办事等技术性失误造成的误差,如读错仪表刻度的位数、正负号,记录和计算错误等。过失误差的特征是一般数值较大,并且常与事实明显不符。出现这种误差,要认真查找原因,采取相应措施,剔除有关数据或重做实验。

2.4　随机误差的统计分析方法

2.4.1　平均值

平均值的计算有算术平均值、几何平均值、加权平均值等多种。采用的计算方法不同,所得到的误差不同,误差出现的概率也不同。能使计算误差最小,出现概率最大的平均值称为**最佳值**。可证明,对于实验条件完全相同的力学实验观测值,其算术平均值为

$$\overline{x} = \frac{1}{n}\sum_{i=1}^{n}x_i \tag{2-3}$$

为最佳值。这是因为,若设每次测量的随机误差为

$$\Delta = x_i - x_0 \quad (i = 1,2,3,\cdots,n)$$

其算术平均值为

$$\frac{1}{n}\sum_{i=1}^{n}\Delta_i = \frac{\sum_{i=1}^{n}(x_i - x_0)}{n} = \frac{\sum_{i=1}^{n}x_i}{n} - x_0 = \overline{x} - x_0 \tag{2-4}$$

根据随机误差的低偿性,当 $n \to \infty$ 时,$\frac{1}{n}\sum_{i=1}^{n}\Delta_i \to 0$,即 $\overline{x} \to x_0$,也就是说,测量值的算术平均值趋于真值。运用最小二乘原理还可证明,各测量值与算术平均值之差最小,因此,算术平均值为最佳值。

2.4.2　标准差

观测数据的分散程度,即偏离算术平均值的大小分布用随机变量的**标准差**表示。

$$\sigma = \sqrt{\frac{\sum_{i=1}^{n}(x_i - x_0)^2}{n-1}} \tag{2-5}$$

显然,σ 大说明观测数据的偏离算术均值大,数据不好。反之,σ 小则说明

数据分散小,数据可靠性好。

在数学上可以证明,误差为正态分布时,误差落在 $\pm\sigma$ 上的概率为 0.682,落在 $\pm2\sigma$ 和 $\pm3\sigma$ 上的概率则分别为 0.9544 和 0.9973。也就是说,当观测次数有限时,误差超过 3σ 的概率不会大于 0.3%。若个别误差的绝对值超过 0.3%,则应舍去。

2.4.3　误差传递与间接误差估计

在力学实验中,有些物理量能够直接测量,如时间、荷载、位移、应变、频率等,有些则不能直接测量,如横截面应力、材料常数、冲击韧性等。很多情况下,实验所求结果不能直接获得,需要根据直接测量结果通过理论公式计算间接获得,而且往往一个实验涉及数个直接测量。例如,电测法测弹性模量,就需要通过测定试件截面尺寸、荷载、应变等物理量,再运用胡克定律进行计算。这就需要我们了解误差传递规律,掌握计算间接误差的方法。间接误差的计算主要根据多元函数的微分原理。

设间接测量物理量 y 是 n 个独立的直接测量物理量 $x_1, x_2, \cdots, x_n$ 的函数,
$$y = f(x_1, x_2, \cdots, x_n)$$
若间接测量物理量有误差 $\Delta x_1, \Delta x_2, \cdots, \Delta x_n$,根据泰勒公式,忽略高阶小量,则有

$$\Delta y = \frac{\partial f}{\partial x_1}\Delta x_1 + \frac{\partial f}{\partial x_2}\Delta x_2 + \cdots + \frac{\partial f}{\partial x_n}\Delta x_n \tag{2-6}$$

相对误差可表达为

$$\delta = \frac{\Delta y}{y} = \frac{1}{y}\left(x_1\frac{\partial f}{\partial x_1}\frac{\Delta x_1}{x_1} + x_2\frac{\partial f}{\partial x_2}\frac{\Delta x_2}{x_2} + \cdots + x_n\frac{\partial f}{\partial x_n}\frac{\Delta x_n}{x_n} \right)$$

令:$\delta x_1 = \dfrac{\Delta x_1}{x_1}$,$\delta x_2 = \dfrac{\Delta x_2}{x_2}$,$\cdots$,$\delta x_n = \dfrac{\Delta x_n}{x_n}$ 为各直接测量物理量的相对误差,则

$$\delta = \frac{1}{y}\left(x_1\frac{\partial f}{\partial x_1}\delta x_1 + x_2\frac{\partial f}{\partial x_2}\delta x_2 + \cdots + x_n\frac{\partial f}{\partial x_n}\delta x_n \right) \tag{2-7}$$

其中,$\dfrac{\partial f}{\partial x_i}$ 为误差传递系数。

根据这一原理,可以得到如下常用函数式的相对误差计算式。

1) 和的误差

$$y = x_1 + x_2 + \cdots + x_i = \sum_{i=1}^{n} x_i \tag{2-8}$$

$$\delta = \pm \frac{1}{y} \sum_{i=1}^{n} |\Delta x_i| \qquad (2\text{-}9)$$

2) **积的误差**

$$y = x_1 x_2 \cdots x_i \qquad (2\text{-}10)$$

$$\delta = \pm \sum_{i=1}^{n} \delta x_i \qquad (2\text{-}11)$$

3) **商的误差**

$$y = \frac{x_1}{x_2} \qquad (2\text{-}12)$$

$$\delta = \pm (|\delta x_1 + \delta x_2|) \qquad (2\text{-}13)$$

4) **幂的误差**

$$y = x_1^n x_2^m \qquad (2\text{-}14)$$

$$\delta = \pm (n|\delta x_1| + m|\delta x_2|) \qquad (2\text{-}15)$$

5) **开方误差**

$$y = \sqrt[n]{x} \qquad (2\text{-}16)$$

$$\delta = \pm \left(\frac{1}{n} |\delta x| \right) \qquad (2\text{-}17)$$

例如，在用引伸计测定弹性模量 E 时，需根据式(2-18)计算，

$$E = \frac{\Delta F L}{\Delta \overline{L} A} \qquad (2\text{-}18)$$

其中，ΔF 为载荷增量；L 为引伸计标距；$\Delta \overline{L}$ 为变形增量的平均值；A 为截面面积。如果试件为圆截面，因 $A = \frac{\pi d^2}{4}$，计算 E 的相对误差为

$$\delta_E = \delta_F + \delta_L + \delta_{\Delta L} + 2\delta_d \qquad (2\text{-}19)$$

可见，试件横截面的尺寸测量误差对弹性模量的影响较大，测量中要给予足够重视。通常要求测量上、中、下三个截面，每个截面测量相互垂直的两个直径，再取平均值。

2.5　数据表示方法

力学实验的目的是要通过实验手段测定一些力学参数或探索未知的力学规律。这就要求我们尽可能用简洁清晰的方法表达实验数据，以便我们容易把握输入输出关系，作出正确地分析判断。常用的数据表示方法有表格法、图像法和公式法三种。它们既是三种独立的数据表示方法，有时又是数据处理

的三个不同阶段。

2.5.1　表格法

表格法又称列表表示法,分为关系表格和汇总表格两类。

关系表格表达的是相互有关联的数据,即表中行与行、列与列之间的数据有联系。关系表格既起着记录和保存原始数据的作用,也是图像法和公式法的基础。就其功能而言,可分为原始记录表和整理数据表。前者是为方便记录原始实验数据设计的表格,包括一些反映测量方法的栏目,如应变仪的通道号与应变片编号的对应等;后者则是为了反映输入输出关系,经过对原始记录数据整理之后设计的表格,通常会去掉不合理的数据和反映测量方法的栏目,增加中间计算结果栏目等。如果表格设计合理,分析方便,也可将两个表格合二为一。

汇总表格主要用于表达实验结果的汇总数据,起着摘要和结论的作用,表中行与行、列与列之间的数据不一定有联系。

表格的设计没有固定的格式,通常根据观测数据的多少和数据分析需要独立进行设计,但注意以下几点是重要的。

(1) 每个表格要有名称,不同的表格要有编号。

(2) 各栏表头要有简洁确切的名称,并注明单位。

(3) 栏目的设计应充分反映数据间的联系和计算顺序,力求简明、齐全、有条理。

(4) 数值的写法要整齐统一,有效位数的取舍合乎相关标准及所用设备精度的要求,小数点要对齐等。

2.5.2　图像法

表格法虽然具有记录和保存原始实验数据的突出优势,对于一些常规实验,可以直接采用表格数据进行运算,但实验数据的好坏,数据的分布,特别是一些探索未知规律的实验,仅凭列表数据常常难以作出判断。图像法则有形象直观的优点,不仅有助于我们分析判断输入输出关系,还在许多方面具有不可替代的作用。按照其功能可分为以下三种。

1. 形态图

形态图主要用于反映试件或结构的变形破坏形态。例如,拉伸破坏的颈

缩与断口,混凝土或岩石试件压缩破坏的裂纹扩展等,很难用数据反映,直接
用图像表达则更为直观。形态图的获得可以采用现场照相或素描。照相法迅
速,获取的信息全面,但常常受到背景干扰,光线不足以及对比度不强等多种
影响,拍出的图片很难令人满意。所以通常需要根据现场素描,对比照片手绘
图形,以便忽略次要因素,突出主要因素。

　　2. 统计分析图

　　统计分析图主要用于进行统计分析或反映数据分布的图形,常用的有直
方图、圆饼图等。

　　直方图通常用于反映不同区间内观测量出现的频率大小,如随机误差的
分布,声发射的频率变化等。如果观测的数据足够多,直方图能较好地反映数
据分布规律。直方图的绘制方法有频率直方图和累积频率直方图两种,如
图 2-2 所示。绘图的主要步骤为:

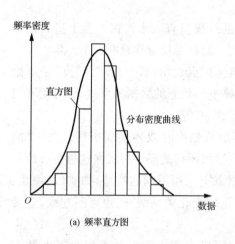
(a) 频率直方图

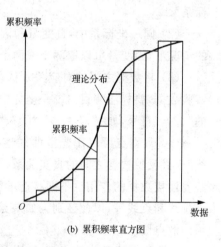
(b) 累积频率直方图

图 2-2　频率直方图和累积频率直方图

　　(1) 找出观测数据中最大值和最小值,以便确定作图区间。

　　(2) 确定观测区间的分组数,以便确定区间宽度 Δx。

　　(3) 统计各组内测量值出现的次数 m_i 以及 $\sum m_i$。

　　(4) 计算各组出现的频率 $f_i = \dfrac{m_i}{\sum m_i}$ 和累积频率。

（5）以观测值为横坐标，以频率密度 $\frac{f_i}{\Delta x}$ 为纵坐标，在每一分组区间上，作以区间宽度为底、频率密度为高的矩形，这些矩形所组成的阶梯图形称为频率直方图。再以累积频率为纵坐标，可绘出累积频率直方图。

圆饼图是用大小不同的扇形面积来代表不同区间观测数据的频率大小，在观测区分组较少时，这种方法更加直观。

3. 曲线图或散点图

曲线图或散点图主要用于反映两个或两个以上变量之间的关系，无论是定性分析还是定量研究，这都是非常重要的研究分析方法。根据需要不同，数据之间的关系可以用光滑曲线或折线连接，也可以直接绘成散点图。就应用最多的平面图形而言，绘制中注意以下几点：

（1）横坐标取为自变量，纵坐标取为因变量，方向选取一般采用"右手坐标系"。

（2）同一坐标系中，自变量和因变量一般只有一个。在不至于造成混淆的情况下，因变量可以取两个或两个以上，但自变量通常只有一个。

（3）将数据之间的对应关系依次用坐标点表示，即"打点"。"点"是原始实验数据，要标注醒目。统一坐标中反映不同状态的数据关系时，要采用不同的"打点"符号，如"○"、"＋"、"□"、"△"、"×"等。

（4）数据点可以用光滑曲线连接，也可依次直线连接成折线。由于"曲线"未必反映数据之间的真实关系，折线反而用得更多。折线在这里更多的是起着连接数据的作用。不同状态的数据点应采用不同的线型，如实线、虚线、点画线和点线等，以便区别。如果数据点的变化关系清晰，也可不连线，直接采用散点图。

（5）与实验数据有关的条件参数，可以在图中空白处或图名下方补充注明。

2.5.3　公式法

公式法就是用一个或一组函数关系式反映输入输出数据之间的依赖关系。函数关系式由于变化规律清晰，表达简洁直观，便于运算，使用方便，在探索未知规律的实验中，常常是人们的终极追求目标。由于这种函数关系由实验结果分析得到，而非理论分析而来，一般称为经验公式。

根据离散的实验观察结果确定变量之间关系的经验公式是一个数学建模过程,在数理统计学上称为回归分析。其中回归函数的选取是关键,在很大程度上取决于测量人员的数学功底、经验和分析判断能力。建立经验公式的主要步骤为:

(1) 根据整理的数据表,选取合适的坐标,绘出数据折线或散点图。

(2) 根据折线或散点图的形状判断可能的函数关系,建立回归方程。值得注意的是,坐标选取巧妙有助于回归方程的建立,如双对数坐标上的直线分布意味着一种幂函数关系等。

(3) 实验选取的回归方程,求出待定常数,并进行相关性检验。

1. 函数关系选择

回归方程一般选用常见的初等函数或这些函数的组合,常见的初等函数有

$$y = a + bx \tag{2-20}$$

$$y = ab^x \tag{2-21}$$

$$y = ae^{bx} \tag{2-22}$$

$$y = ax^b \tag{2-23}$$

$$y = \frac{x}{a + bx} \tag{2-24}$$

$$y = \frac{1}{a + be^{-x}} \tag{2-25}$$

值得注意的是,对同一组实验数据,回归结果可能不唯一,即不同的分析得到的经验公式可能不同。公式越简单,参数越少,误差越小越好。

2. 待定常数的求法

根据散点图的分布规律,选定拟合函数关系后,需要根据实验数据求待定常数。求待定常数最常用方法是最小二乘法,其基本原理是残差平方和最小。对于式(2-20),令测量数据 y_i 与拟合直线上理想值 $\hat{y}_i$ 之间的残差为

$$v_i = y_i - \hat{y}_i \tag{2-26}$$

则残差平方和为

$$v = \sum_{i=1}^{n} v_i^2 = \sum_{i=1}^{n} \left[y_i - (a - bx_i) \right]^2 \tag{2-27}$$

按照最小二乘原理，v 取最小值的条件是 $\dfrac{\partial v}{\partial a} = 0$ 和 $\dfrac{\partial v}{\partial b} = 0$。由此可得计算 a、b 的表达式，即

$$a = \frac{\sum\limits_{i=1}^{n} x_i \sum\limits_{i=1}^{n} x_i y_i - \sum\limits_{i=1}^{n} y_i \sum\limits_{i=1}^{n} x_i^2}{\left(\sum\limits_{i=1}^{n} x_i\right)^2 - n \sum\limits_{i=1}^{n} x_i^2} \tag{2-28}$$

$$b = \frac{\sum\limits_{i=1}^{n} x_i \sum\limits_{i=1}^{n} y_i - n \sum\limits_{i=1}^{n} x_i y_i}{\left(\sum\limits_{i=1}^{n} x_i\right)^2 - n \sum\limits_{i=1}^{n} x_i^2} \tag{2-29}$$

对于非线性拟合式，理论上同样可用最小二乘原理求得有关待定常数，只是表达式要复杂，甚至写不出解析表达式，需要用数值法计算。但很多情况下，可通过一定变换将非线性回归函数转换为线性回归式，如式(2-21)~式(2-23)即可通过对数变换转换为线性式。因此，线性回归方法具有广泛的应用性。

3. 线性拟合的相关系数检验

线性回归方程与离散变量之间关系的符合程度一般用线性相关系数表示。

$$r = \frac{\sum\limits_{i=1}^{n} (x_i - \overline{x})(y_i - \overline{y})}{\sqrt{\sum\limits_{i=1}^{n} (x_i - \overline{x})^2 \sum\limits_{i=1}^{n} (y_i - \overline{y})^2}} \tag{2-30}$$

其中，$\overline{x} = \dfrac{1}{n} \sum\limits_{i=1}^{n} x_i$；$\overline{y} = \dfrac{1}{n} \sum\limits_{i=1}^{n} y_i$。

当 $0 < |r| < 1$ 时，说明 x 与 y 之间存在线性相关性；当 $|r| \to 1$ 时，x 与 y 之间线性密切相关；否则，$|r| \to 0$ 时，x 与 y 之间不存在线性关系。

判定 x 与 y 之间线性关系的好坏，要对相关系数进行显著性检验，检验方法如下：给定显著水平 α，查取相应的相关系数临界值 r_α，比较 $|r|$ 和 r_α 的大小。当 $|r| < r_\alpha$ 时，x 与 y 之间的线性关系不好或不存在线性关系；当 $|r| > r_\alpha$ 时，x 与 y 之间的线性关系是显著和合理的。表 2-1 给出了 $\alpha = 0.05$ 和 $\alpha = 0.01$ 时相关系数的临界值。

表 2-1　线性相关系数显著性检验表

$n-2$ \ α	0.05	0.01	$n-2$ \ α	0.05	0.01
1	0.997	1.000	21	0.413	0.526
2	0.995	0.990	22	0.404	0.515
3	0.878	0.959	23	0.396	0.505
4	0.811	0.917	24	0.388	0.496
5	0.754	0.874	25	0.381	0.487
6	0.707	0.834	26	0.374	0.478
7	0.666	0.798	27	0.367	0.470
8	0.632	0.765	28	0.361	0.463
9	0.602	0.735	29	0.355	0.456
10	0.576	0.708	30	0.349	0.449
11	0.553	0.684	35	0.325	0.418
12	0.532	0.661	40	0.304	0.393
13	0.514	0.641	45	0.288	0.372
14	0.497	0.623	50	0.273	0.354
15	0.482	0.606	60	0.250	0.325
16	0.468	0.590	70	0.232	0.302
17	0.456	0.575	80	0.217	0.283
18	0.444	0.561	90	0.205	0.267
19	0.433	0.549	100	0.195	0.254
20	0.423	0.537	200	0.138	0.181

2.5.4　思考题

1. 系统误差主要由哪些因素引起？它和随机误差的主要区别是什么？

2. 相同条件下，重复测量同一物理量时，为什么大多采用算术平均值做真值的近似值？依据什么剔除不合理数据？

3. 已知直接测量的误差，根据什么原理和方法计算间接误差？

4. 对于一批测量数据，如何获得最优经验公式？

第3章 理论力学实验

3.1 概　　述

　　理论力学既是一门基础力学课程,又是一门应用性很强的经典学科,应用十分广泛。大到航空航天,小到生活用具、工具和玩具,到处都能看到理论力学原理和理论的应用。但作为非力学专业的基础力学课程,过去一般不开实验课。随着实践教学的加强和创新教育的重视,很多高校开始进行理论力学实验教学的试点和探索,但实验内容和学时尚无统一标准。在众多的改革探索中,浙江大学庄表中教授开发的理论力学创新与应用演示教学系统是比较成熟的成果,国内已有几十所高校采用。该教学系统由三部分内容组成:一是数十个日常用具、玩具,工程用工具、器材及教具等;二是配套的几十张原理和创新应用展板;三是可由用户选定数量的能做 6 种实验的理论力学多功能试验台。它包括了静力学、运动学、动力学的广泛内容,贴近生活,联系工程,生动有趣,功能类似一个小型科技馆。本书选择部分典型内容予以补充完善,形成相对完整的实验教学内容。

3.2　ZME-1 多功能试验台简介

3.2.1　ZME-1 试验台的基本构造

　　ZME-1 多功能试验台是这套教学系统的主要组成部分,其外形与构造组成如图 3-1 所示,它主要由四部分组成:

　　(1) 工作台。这是摆放仪器、工具、量具以及进行实验的主要工作平台,台面为不锈钢材料。

　　(2) 立柱。左右两侧共有 4 根不锈钢立柱,一方面起着支撑上部横梁的作用;另一方面,两侧立柱之间分别安装有变速风扇、架空电缆振动模型等实验装置。

　　(3) 横梁。它既是试验台的骨架部分,还是一个悬挂平台,上方箱盖内安装有 3 个三线摆滚筒。转动外部手轮,可以收放三线摆,控制摆线长度。

（4）附件柜。主要用于存放附配的各种仪器、量具、工具等。

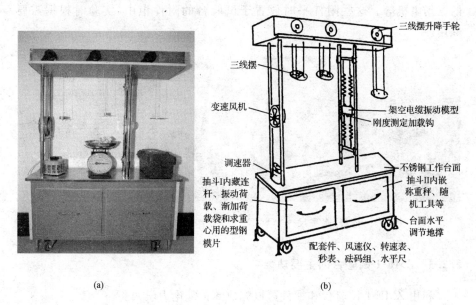

（a）　　　　　　　　　　　　（b）

图 3-1　ZME-1 多功能试验台构造与组成

3.2.2　试验台的附配器件

ZME-1 试验台附配多种器具量具，以满足有关实验要求。主要有称重台秤
与砂袋（图 3-2）；组合型钢、非均质发动机摇臂、均质标准圆柱、秒表（图 3-3）；发

图 3-2　称重台秤

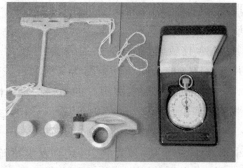

图 3-3　组合型钢、秒表等

动机连杆、水平尺(图 3-4);数字转速表与激光风速表(图 3-5)以及带偏心块的振动电机等。这些附件平时放置于试验台的附件柜中,实验时根据需要取用。

图 3-4　连杆、水平尺　　　　　　图 3-5　数字转速表与激光风速表

3.2.3　ZME-1 试验台的主要功能

利用 ZME-1 试验台和配件可以完成 6 种理论力学实验。

(1)测试单自由度振动系统的刚度和固有频率。主要方法是用不同砝码吊挂在模拟高压线的半圆形模型下部中间的圆孔上,观察弹簧系统的变形,计算此单自由度刚度系统的刚度,再求固有频率。

(2)演示自激振动现象,观察自激振动与自由振动和受迫振动的区别,揭示自激振动模型的振幅与风速之间的关系(3.7 节)。

(3)分别用"悬吊法"和"称重法"求不规则物体的重心。

"悬吊法"实验是将组合型钢片在不同位置用细绳悬挂两次,沿吊线方向画延长线,两条延长线的交点即为该物体的重心。其理论依据是二力平衡原理。"称重法"则是将发动机连杆的两端分别称重两次,利用合力矩定理确定连杆的重心。

(4)比较渐加荷载、突加荷载、冲击荷载、振动荷载 4 个基本概念的区别,并画出这 4 种不同情况下的力与时间的关线曲线(3.3.4 节)。

(5)用三线摆实测圆盘的扭振周期,计算圆盘的转动惯量,验证圆盘转动惯量的理论公式。

方法是将试验台外侧的三线摆放到一定的摆线长度 l,给三线摆圆盘一个小于 6° 的初始角,然后释放,让其发生扭转摆动。用秒表测出圆盘的振动周期 T,即可根据扭振公式 $J_0 = \left(\dfrac{T}{2\pi}\right)^2 \dfrac{mgr^2}{l}$ 算出圆盘的转动惯量(m 为圆盘的质量；r 为三线位置的半径）。再用理论公式 $J_0 = \dfrac{1}{2} m R^2$ 计算圆盘的转动惯量值，比较理论计算与实测的误差，分析原因。

（6）用等效理论方法测试和求取非均质复杂物体的转动惯量（3.6 节）。

3.3　演示实验

这套理论力学创新与应用演示教学系统除 ZME-1 多功能试验台外，还分静力学、运动学、动力学三部分内容，配置了曲柄滚轮挤水拖把，管子钳的受力分析，挖掘机部件受力分析，压延机的摩擦因数问题，反倒问题与起重机的稳定度，旋转式、往复式剃须刀比较，多功能万花尺，剥线钳的运动特征，悬浮平衡问题，房屋抗震特性分析，拳击机拳击力的标定，质点系动量定理演示，隔振理论与各种减震器等，共计 30 余种演示和应用理论力学原理的日常生活用具、玩具、教具、器材等。这里选取部分内容补充整理成演示实验，有关验证实验的部分内容放在后续几节分别介绍。

3.3.1　轿车千斤顶

1. 实验目的

（1）了解轿车千斤顶设计的基本原理。

（2）对平面汇交力系分析、虚位移原理、自锁条件等有进一步的认识。

2. 实验仪器

桑塔纳汽车用千斤顶，或其他轿车千斤顶。

3. 实验原理

轿车用千斤顶的外形如图 3-6 所示，工作原理如图 3-7 所示。它由铰接的四连杆系和穿过两个铰接点的螺杆以及基座、支撑座等组成。通过旋转摇臂，驱动螺杆旋转，拉近两个铰点 E、B 之间的距离，使得支撑座抬升，顶起轿车。这里用到了理论力学的三个知识点。

1）受力分析

千斤顶的上部两根支撑杆可简化为二力杆，支撑座 A 的受力如图 3-6(b) 所示，为平面汇交力系。已知轿车压力 G，可求出两杆压力 F_1 和 F_2。

(a) 轿车千斤顶实物图

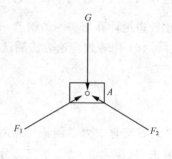

(b) 受力图

图 3-6　桑塔纳千斤顶及受力分析

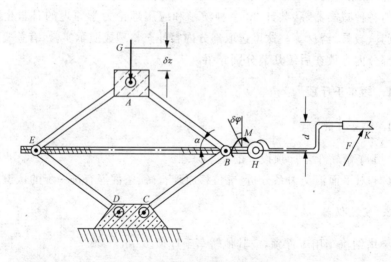

图 3-7　轿车千斤顶工作原理示意图

2) 虚功原理

若已知摇臂作用扭矩 M,使螺杆旋转 $\delta\varphi$,压重 G 的支撑座 A 抬升 δz,由虚位移原理可得

$$\delta W = G \cdot \delta z - M \cdot \delta\varphi$$

若不计摩擦,可认为 $\delta W = 0$,则

$$M = G \frac{\delta z}{\delta\varphi} \tag{3-1}$$

可见,要将重物 G 抬升 δz 的距离,所需的扭矩与螺杆转过的角度 $\delta\varphi$ 成反比,$\delta\varphi$ 越大,所需的外力矩越小。但螺杆的行程是由 δz 决定的,在同样的行程内,$\delta\varphi$ 越大,意味着螺距越小,螺纹越密,螺纹的升角越小,千斤顶正是根据这种原理设计的。如若 $\delta z = 1.6\text{mm}$,$\delta\varphi = 0.4\pi = 72°$,支撑重力 $G = 10000\text{N}$,代入式(3-1)可得 $M \approx 13\text{N} \cdot \text{m}$。若转动力臂 $d = 100\text{mm}$,可求得 $F = M/d = 130\text{N}$。所以,手摇这样一个千斤顶并不费劲。

3) 自锁

螺杆在推进过程中受到因车重 G 引起的 AE、ED 两杆轴力作用于螺母上的反力 Q 的作用,这相当于螺母作为滑块作用于斜面上的问题,如图 3-8 所示。根据自锁条件,相当于斜面的螺纹升角 α 必须小于摩擦角 φ_m,才能保证螺杆只进不退。$\alpha \leqslant \varphi_m$ 是螺杆设计的基本依据。

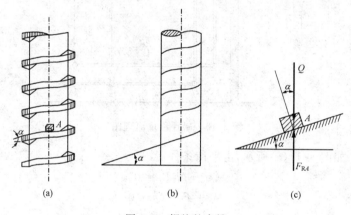

(a)　　　　　　　　(b)　　　　　　　　(c)

图 3-8　螺纹的自锁

3.3.2　与着力点无关的磅秤

1. 实验目的

(1) 了解磅秤设计的基本原理。

(2) 学会分析平面平行力系。

2. 实验仪器

普通磅秤(图 3-9)和重物等。

图 3-9　磅秤

3. 实验原理

　　磅秤称重必须使重物的重量与重物在秤台上的着力位置无关。为了做到这一点,为磅秤设计了两个复合杠杆,将重物传递的力分解为此消彼长的两个力和秤锤相平衡,图 3-10 是磅秤的原理示意图。重物放置于秤台上的 N 点,通过支点 I 施力于 HK 杠杆,这样就使重力 Q 分解出两个作用于 AD 杠杆上 C、D 两点的力。这是一个平面平行力系问题,若 $AB=a$,$BC=b$,$CD=c$,$IK=d$,秤台长 $EG=L$。设重物着力点 N 到 G 的距离为 e,首先分析秤台 EG

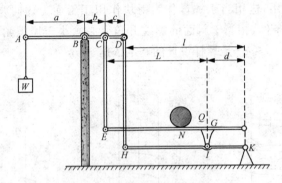

图 3-10　磅秤称重原理图

的受力。如图 3-11(a)所示,由平衡条件得

$$Qe - N_1 L = 0$$
$$N_1 + F - Q = 0$$

得

$$N_1 = \frac{Qe}{L} \tag{3-2}$$

$$F = Q\left(1 - \frac{e}{L}\right) \tag{3-3}$$

再对 HK 杆进行受力分析,如图 3-11(b)所示,由平衡条件得

$$F'd = N_2 l \tag{3-4}$$

并考虑到式(3-3)得

$$N_2 = \frac{F'd}{l} = \frac{Qd}{l}\left(1 - \frac{e}{L}\right) \tag{3-5}$$

再以 AD 杆为对象,进行受力分析,如图 3-11(c)所示。

$$Wa - N_1 b - N_2(b + c) = 0$$

将式(3-2)、式(3-5)代入得

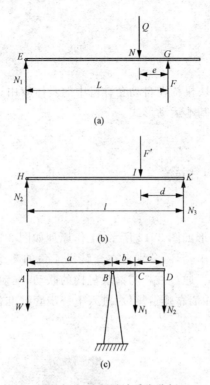

图 3-11　磅秤设计受力分析

$$Wa = \frac{Qeb}{L} + \frac{Qd}{l}\left(1 - \frac{e}{L}\right)(b + c)$$

展开上式,提取 e,并整理得

$$Wa = e\frac{Q}{L}\left(b - \frac{bd + cd}{l}\right) + \frac{Q}{l}(bd + cd) \tag{3-6}$$

若要重物称重与着力点无关,即 e 可取任意值,则要求

$$b - \frac{bd + cd}{l} = b - \frac{(b + c)d}{l} = 0$$

即 b、c、d 与 l 间须满足如下关系:

$$\frac{b + c}{b} = \frac{l}{d} \tag{3-7}$$

将式(3-7)带回式(3-6)可得秤锤重量与重物重力的关系为

$$W = \frac{b}{a}Q \tag{3-8}$$

3.3.3　自动套鞋机

1. 实验目的

（1）了解曲柄滑块机构在自动套鞋机中的具体应用。

（2）了解刚体的基本运动形式。

2. 实验仪器

自动套鞋机、塑料鞋套等。

3. 实验原理

自动套鞋机的外形如图 3-12 所示，工作原理如图 3-13(a)、图 3-13(b)所示。每个鞋套带有 4 个套环，分别套在套鞋机 4 角的 4 个立柱上，每 10 个鞋套为一组叠放在一起。通过杠杆与滑块机构的联动，推动 4 个套环依次释放，完成自动套鞋工作，并依靠弹簧复位，进入下一步套鞋准备。其工作原理与联动过程如下。

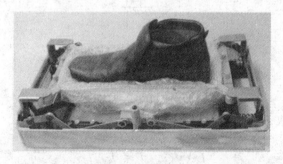

图 3-12　自动套鞋机

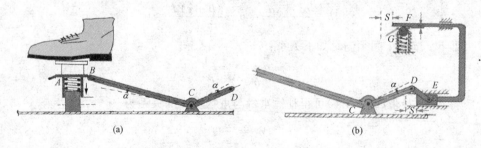

(a)　　　　　　　　　　　　　　(b)

图 3-13　套鞋机的工作原理示意图

（1）将脚踏入套鞋机，踩动踏板 AB，驱动摆杆 BCD 左转一个角度 α。

（2）BCD 的转动通过连杆 DE 带动滑块 E 向左移动一个约为 10mm 的距离 S。

（3）和滑块 E 连在一起的槽形杆 EF 被拉动左移同样的距离 S。

（4）套有鞋套套环的立柱顶部通过一个弹簧支撑的内部小球和槽杆 EF 紧密接触，立柱上的套环也受弹簧支撑挤压在槽杆 F 触点的下部。槽杆在 F 触点附近有一个和套环相同厚度的凸台，当槽杆向左移动 S 时，该凸台刚好推动最顶部的一个套环脱离立柱约束予以释放。4 个套环一起被释放后，依靠鞋套的松紧带完成套鞋工作。

（5）抬起脚后，依靠各部件的弹簧完成复位，下一个鞋套的 4 个套环升到立柱顶部，处于预备状态。

3.3.4　动荷载

1. 实验目的

（1）比较渐加荷载、突加荷载、冲击荷载和振动荷载 4 种荷载随时间的变化规律、特征与区别。

（2）对冲击荷载、振动荷载等有进一步的认识。

2. 实验仪器

ZME-1 试验台、台秤、500g 砂袋、带偏心块的电机盒等。

3. 实验原理

作用于物体上的外力依据与时间的依赖关系可分为静荷载和动荷载两种。**静荷载**是一种从零开始缓慢地加载直至终值的加载方式。如果单位时间内的加载量相等，那么加载过程的荷载-时间关系是线性关系，如图 3-14(a) 所示。在静力分析中，静荷载不考虑加载过程，只考虑其最终值。

动荷载指荷载随时间急剧变化的荷载，常见的有冲击荷载、振动荷载等。**冲击荷载**指运动的物体突然受阻在瞬间停止运动而作用于被冲击物上的力。根据材料力学的能量分析方法，冲击荷载可以用动荷系数 K_d 乘以静荷载 P 表示。

$$F_d = K_d P \tag{3-9}$$

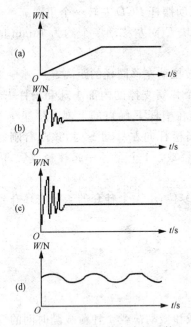

图 3-14　不同加载方式的比较

对于自由落体冲击,动荷系数为

$$K = 1 + \sqrt{1 + \frac{2h}{\Delta_{\text{st}}}} \qquad (3\text{-}10)$$

其中,h 为冲击物的高度;Δ_{st} 为冲击物以静力方式作用于冲击点上时,引起的被冲击物的静位移。当被冲击物或结构的静位移一定时,冲击荷载与自由落体的高度有关。如图 3-14(c)所示,当 $h=0$ 时,$K=2$,这就是突加荷载,如图 3-14(b)所示。

振动荷载指作用于物体上的施力体由于自身的周期运动而使作用力周期变化的荷载,如图 3-14(d)所示。结构长期承受振动荷载,会导致疲劳破坏。

这里以日常生活中常见和使用的台秤作为测力工具,通过一个砂袋和振动电机,演示静力加载、突加荷载、冲击荷载和振动荷载的基本特征。

4. 实验步骤

(1) 将试验台移动至实验工作的位置,调节台面水平的四个支撑进行固定,每一步骤用水平尺校正,使试验台的台面在纵横方向均呈水平状态。

(2) 从附件柜中取出台秤放在台面上,再取出重 500g 的砂袋,将塑料袋中的砂粒连续慢慢地倾倒在台秤上,观察台秤指针的变化,画出台秤指示力与时间关系的示意曲线。

(3) 将秤盘内的砂粒装回塑料袋内,手提重 500g 的砂袋使之与秤盘刚刚接触,然后突然释放,观察台秤指针的变化,画出力与时间关系的示意曲线。

(4) 若将砂袋提到一定高度,再释放,观察台秤指针的变化,画出力与时间关系的示意曲线。

(5) 拿走砂袋,取出重 500g 装有偏心块的电机盒,放在台秤上,然后开启电机盒上的电源开关,观察台秤指针的变化,画出力与时间关系的示意图。

(6) 比较以上四种示意曲线,分析区别和原因。

3.4　摩擦因数测定

摩擦是指相互接触的两个物体之间有相对滑动或有相对滑动趋势时,在两物体接触面上产生的阻碍它们相对滑动的现象,这种机械作用称为滑动摩擦力。滑动摩擦有静摩擦与动摩擦之分。静滑动摩擦指两个接触物体仅有滑动趋势而未相对滑动的摩擦现象,摩擦力的大小与外力有关,最大静摩擦力用静摩擦定律表示为

$$F_{max} = fN \tag{3-11}$$

其中,N 为接触面的法向压力;f 称为摩擦因数,它与接触物体的材料、接触面的光滑程度、温度、湿度等因素有关,是描述摩擦现象的基本参数。

动滑动摩擦是指两物体相对滑动的摩擦现象,动滑动摩擦力的大小也可用与静摩擦定律类似的动摩擦定律表示为

$$F_d = f_d N \tag{3-12}$$

其中,f_d 为动滑动摩擦因数,它不仅与接触物体的材料、接触面的光滑程度、温度、湿度等因素有关,还与滑动速度有关,但在速度变化不大时,可看做常数。

这里介绍的测试仪器是庄表中教授根据 1992 年发表的论文经过改进研制的,能测试颗料、柔软物体、薄硬物体等材料接触面之间的静滑动摩擦因数和动滑动摩擦因数。因为静滑动摩擦因数测定相对简单,这里主要介绍动滑动摩擦因数的测定方法。

3.4.1　实验目的

(1) 理解滑动摩擦现象,加深对摩擦定律的认识。
(2) 学会测试不同材料间的摩擦因数。
(3) 了解摩擦因数测试仪的设计原理。

3.4.2　实验仪器与设备

(1) 滑动摩擦因数测试仪。
(2) 标准测试滑块。
(3) 量角器或直尺等。

3.4.3　实验原理

动滑动摩擦因数测试仪如图 3-15 所示,它由可以升降调节角度的斜面,

两个间距为 s 的光电门 1、2，智能速度计量仪，试块 A 和固定于试块 A 上的不透明档距等组成。光电门上安装有光电管传感器，如图 3-16 中 L_1、L_2 所示，它和智能速度计量仪相连，用于测量物体穿过的时间。

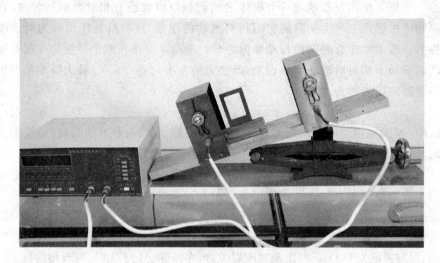

图 3-15　摩擦因数测试仪

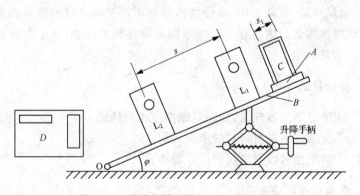

图 3-16　滑动摩擦因数测试原理示意图

　　将标准测试滑块 A 从斜面上方放下，让其从斜面上自由滑下，通过智能速度计量仪，自动测宽为 s_1 的不透明档距穿过光电门 1、2 和两个光电门间距 s 的时间 t_1、t_2、t_3，即可根据摩擦定律和有关运动学公式求出动摩擦因数。

　　由测试过程可知，试块从穿出第一个光电门到穿出第二个光电门的时间为

$$t_4 = t_3 + \frac{1}{2}(t_2 - t_1) \tag{3-13}$$

设滑块的质量为 m，斜面倾角 φ，对滑块进行受力分析（图 3-17）：由 $\sum Y = 0$，得

$$N = mg\cos\varphi \tag{3-14}$$

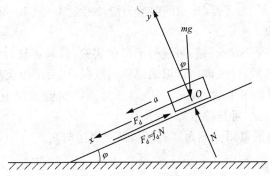

图 3-17　滑块的受力分析

再由牛顿第二定律 $\sum X = ma$ 和滑动摩擦定律可得

$$ma = mg\sin\varphi - Nf_{\mathrm{d}}$$

带入式（3-14）得

$$f_{\mathrm{d}} = \tan\varphi - \frac{a}{g\cos\varphi} \tag{3-15}$$

由测试的有关数据和运动学公式知，滑块穿过两个光电管的速度为 $v_1 = \frac{s_1}{t_1}$，$v_2 = \frac{s_1}{t_2}$，代入加速度计算公式得

$$a = \frac{v_2 - v_1}{t_4} = \frac{(t_1 - t_2)s_1}{t_1 t_2 t_4} \tag{3-16}$$

将 a 代回式（3-15）得

$$f_{\mathrm{d}} = \tan\varphi - \frac{s_1(t_1 - t_2)}{g t_1 t_2 t_4 \cos\varphi} \tag{3-17}$$

所以，根据测得的有关数据，可由式（3-17）求出动摩擦因数。

本实验设计的不透明档距 $s_1 = 4\mathrm{cm}$。

3.4.4　实验步骤

（1）打开智能速度计量仪的电源开关，等待数字显示值稳定（5.00，它表

示不透光档距平均值)。

(2) 将实验选择置为直线。

(3) 按一下"work"键,开始正式实验。

(4) 让滑块从适当斜面倾角上滑下。按一下"Δt_1"键,显示的数值即为滑块经过光电门1的时间 t_1;按一下"Δt_2"键,显示的数值即为滑块经过光电门2的时间 t_2;按一下"Δt_3"键,显示的数值为滑块经过 L_1 到 L_2 所需的时间 t_3,第一次实验即完成。

(5) 再按一下"work"键,可进行第二次实验,总共可进行 10 次。10 次结束后若要继续实验,可按取消键取消以前的数据,然后继续实验。

注意:若滑块滑下后,数据不显示,此时可将实验选择中的正转、反转键按一下即实现切换,可排除故障。

(6) 用量角器量斜面倾角或测量斜面的底边与高。

3.4.5　数据处理

(1) 根据各次测试结果,计算 t_1、t_2、t_3 的平均值。

(2) 根据式(3-13)计算 t_4 的平均值。

(3) 根据斜面测量结果,计算斜面倾角 φ。

(4) 将以上结果和 $s_1 = 4\text{cm}$ 带入式(3-17)计算动摩擦因数的平均值 f_d。

3.4.6　思考题

(1) 若用该实验装置测静滑动摩擦因数,如何进行?

(2) 两个光电门的宽度 s 对求动摩擦因数有没有影响?

3.5　微型电机效率测定

机械效率是反映机械性能的重要指标。测定机械效率涉及功率方程的概念以及功率、力矩、转速的关系等问题。

力在单位时间内所做的功称为该力的功率。若在 dt 时间内,力 $\boldsymbol{F}$ 的元功 $dW = \boldsymbol{F} \cdot \boldsymbol{r}$,则此力的功率为

$$P = \frac{dW}{dt} = \boldsymbol{F} \cdot \frac{d\boldsymbol{r}}{dt} = \boldsymbol{F} \cdot \boldsymbol{v} \qquad (3\text{-}18)$$

即力的功率等于力与速度的数量积,或者说等于力在速度上的投影和速度的乘积。其中,$\boldsymbol{r}$ 为物体的位移矢量;$\boldsymbol{v}$ 为物体运动的速度矢量。对于力矩 M 使

物体在平面内转动的情况,因为 $dW = Md\varphi$,力矩的功率变为

$$P = \frac{dW}{dt} = M\frac{d\varphi}{dt} = M\omega \qquad (3\text{-}19)$$

其中,ω 为物体转动的角速度。功率的单位为牛·米/秒(N·m/s),称为瓦特(W)。在电的单位制中等于 1 安培×1 伏特(A·V)。

对于机器的做功问题,输入功 P_1 一部分转化为有用功 P_2,一部分转化为无用功 P_3,若以 T 表示机器运转的动能,由动能定理可得

$$\frac{dT}{dt} = P_1 - P_2 - P_3$$

该式称为机器工作的功率方程。当机器正常运转时,$\frac{dT}{dt} = 0$,就有

$$P_1 = P_2 + P_3$$

所谓**机械效率**是指有用功占输入功的百分比。

$$\eta = \frac{P_2}{P_1} \times 100\% \qquad (3\text{-}20)$$

本实验的目的是通过测出机械的输入功和输出有用功,计算机械的机械效率。测量对象为微型直流小电机,这种小电机的应用十分广泛,如剃须刀用小电机、电吹风小电机、玩具电机等。

3.5.1　实验目的

(1) 理解与掌握功率、力矩、转速三者的关系。
(2) 学会简单测试小型动力机的效率。
(3) 学会转速仪的使用方法。

3.5.2　设备仪器

(1) 测力计、测力架、砝码、细绳等。
(2) 直流整理调压电源、转速表。
(3) 小直流电机及夹具。

3.5.3　实验原理

测量小电机的效率需要测出电机的输入和输出功率。

输入功率通过测量输入电机的直流电压和电流强度获得。若输入电压为 U(V),电流强度为 I(A),则输入功率为

$$P_1 = UI \quad (\text{N·m/s}) \qquad (3\text{-}21)$$

实验测量装置如图 3-18(a)所示，220V 交流电压输入直流整流器，输出为直流电源。该电源有电压与电流两支仪表指示，并有粗调和细调两档，能够调节和指示输入到直流电机的电压 U 和电流强度 I。

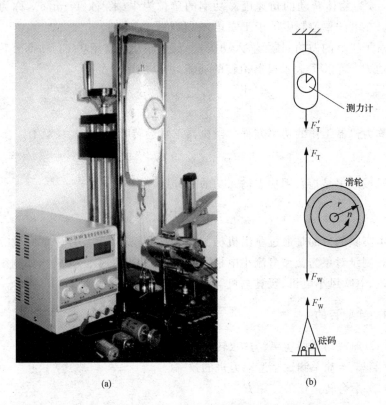

(a)　　　　　　　　(b)

图 3-18　微型电机效率测定

输出功率在这里是根据功率、转速、扭矩的关系，通过测量电机输出的转速和扭矩获得的。若输出功率为 P_2(kW)，作用于输出转轴上的外力扭矩为 M(N·m)，轴的转速为 n(r/min)，根据式(3-19)，并注意到 $\omega = 2\pi n/60$，即可得到

$$P_2 = \frac{Mn}{9550} \quad (\text{kN·m}) \tag{3-22}$$

为了测量电机的输出扭矩，用一根细线绳绕过固定在电机输出轴上的滑轮，一端悬挂在测力计上，一端悬挂一砝码盘，如图 3-18(b)所示。当电机不转时，忽略滑轮摩擦，测力计读数和砝码重量相同；当电机旋转时，由于滑轮对

线绳的摩擦阻力,砝码重量和测力计读数不再相等。设测力计读数为 F_T,砝码重 F_w,滑轮半径 r,则

$$M = (F_T - F_w)r \quad (\text{N·m}) \tag{3-23}$$

所以,测得转速 n 后,即可根据式(3-22)求得输出功率。

3.5.4 实验步骤

(1) 将直流小电机夹在隔磁的小老虎钳台上,不要太紧也不宜太松,以不动为准。

(2) 接好直流电源。正向接线,电机顺时针转;反向接线,电机逆时针转。测试力矩时,电机的转向要与图 3-18(b)所示一致。

(3) 调整测力计回零;选择合适的砝码挂在细绳下,让细绳绕过电机滑轮,悬挂在测力计下;调整好电机位置,让砝码与测力计成一垂线。

(4) 先在滑轮上贴一条反光线,摆放好红外线转速仪,发光头对准滑轮。当此线闪光次数与转速表内闪光次数一致时,读数为每分钟转数(r/min)。

(5) 打开电源开关,调整电压由小增加到某一值,记录转速、测力计、砝码重等各个数据;退回到零,将电压增加到第二值,再记录测试数据,连续进行五六次。

(6) 关闭电源,整理收拾好设备仪器,经老师验收签字后结束实验。

3.5.5 数据处理

(1) 按式(3-21)、式(3-23)、式(3-22)求各次实验的电机输入、输出功率 P_1、P_2。

(2) 按式(3-20)计算各次实验的电机效率。

(3) 以输出功率 P_2 为横坐标,以电机效率 η 为纵坐标,画出电机的输出功率-效率曲线图。

(4) 分析此电机在使用的转速下效率为多少?

3.5.6 思考题

(1) 绕过滑轮的细绳与滑轮的摩擦力对电机效率测定有何影响?砝码重量对电机效率测定有何影响?

(2) 若要提高电机效率测量精度,应采取哪些措施?

3.6　等效方法求转动惯量

转动惯量是描述刚体绕定轴转动问题的基本物理量,刚体的定轴转动动量矩、转动微分方程等都要用转动惯量表示。其数学定义式为

$$J_z = \int_m r^2 \, \mathrm{d}m \tag{3-24}$$

物理意义为微质量 $\mathrm{d}m$ 与其到定轴 z 的距离 r 平方的乘积在全部质量上的积分,简言之,是质量与距离平方乘积的求和问题。它的大小不仅与刚体的质量分布有关,也取决于轴的位置。如果一个刚体绕其质心轴的转动惯量 J_z 是已知的,它对与 z 轴平行的间距为 d 的另一轴 z' 的转动惯量可以通过平行移轴公式求得。

$$J_{z'} = J_z + md^2 \tag{3-25}$$

对于形状规则的均质体可以导出其转动惯量的理论计算公式。但对非均质体和不规则体,理论计算比较困难,通常采用实测法。这里介绍的是用三线摆和等效方法测不规则非均质体的转动惯量。

3.6.1　实验目的

(1) 了解三线摆测转动惯量的基本原理。
(2) 掌握三线摆测转动惯量的等效方法。

3.6.2　实验设备与仪器

(1) ZME-1 多功能试验台。
(2) 非均质不规则形状摇臂零件、总质量与该零件完全相等的两个均质标准圆柱体。
(3) 直尺、秒表等。

3.6.3　实验原理

三线摆是一个扭振系统(图 3-19)。在小摆角条件下,根据扭转振动原理,可以导出质量为 m 的物体,其转动惯量和三线摆的摆动周期 T、摆线长度 l,摆线所在圆的半径 r 之间满足下述关系:

$$J_\text{实} = \left(\frac{T}{2\pi}\right)^2 \frac{mgr^2}{l} \tag{3-26}$$

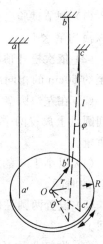

三线摆的周期 T 与摆线长度 l 有关,它们共同决定转动惯量的测量精度。实验表明,摆线越长,转动惯量的测量误差越小。利用试验台外侧三线摆上的标准圆盘转动惯量测定、考察测量值随摆线长度的变化,可以发现,当摆线长度大于 60cm 时,转动惯量的实测与理论计算误差小于 5%。运用三线摆和等效法测非均质体的转动惯量正是基于这一原理。

在试验台横梁的中间安装有两个摆线半径完全相同的三线摆,其中右侧一个沿径向线预装了对称的刻度尺。对于一个非均质不规则物体,可以加工两个总质量完全与之相同的标准圆柱体。实验时,将非均质体和这两个圆柱体分别放在两个三线摆上

图 3-19 三线摆

(图 3-20(a)),让两个摆发生小角度扭振。首先测量非均质体三线摆的频率,再调节两个圆柱体的对称间距 s(图 3-20(b)),让该三线摆的频率与之相同,则这两个圆柱体的转动惯量就是非均质体的转动惯量。

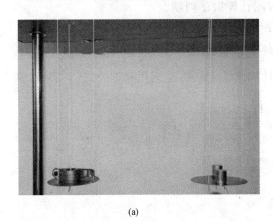

(a)

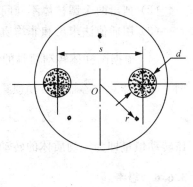

(b)

图 3-20 等效法测非均质体的转动惯量

本实验所用两个等效圆柱的直径 $d=20$mm,高 $h=18$mm,材料密度 $\rho=7.4$g/cm³。它们有强磁性,可以牢固吸在不锈钢刻度尺上,不会因摆动而滑出。

3.6.4　实验步骤

（1）调节试验台的四个支撑滚轮，使用水平尺校正和固定，让试验台的台面纵横均呈水平。

（2）依次松开顶板上左边和中间两个三线摆，分别摇动手轮，使两圆盘下降至约 60cm 的相同高度。

（3）在左边圆盘上放置一个非均质摇臂，让盘心与摇臂转动中心重合；在中间圆盘上放置两个有强磁性的圆柱铁，此两个圆柱铁合起来的重量等于摇臂重量。

（4）以小于 6° 的初始角让左边的三线摆发生扭转振动，用秒表测出振动 10 次的时间。

（5）设置两圆柱体不同的中心距离，分别用秒表测出该圆盘扭振 10 次的时间。

（6）收起非均质体和等效圆柱体，三线摆回位，老师检查验收后结束实验。

3.6.5　数据处理

（1）根据扭振 10 次的测量时间计算振动周期。

（2）列出两个圆柱体不同间距的周期对照表或作出 $s\text{-}T$ 曲线图。

（3）用插值法求出和非均质体三线摆周期相同的圆柱体间距 s。

（4）根据圆柱体转动惯量的计算式 $J_z = \dfrac{mr^2}{2}$，运用移轴公式（3-25）计算两个圆柱体对中心轴的转动惯量，即

$$J_0 = 2\left[\frac{1}{2}m\left(\frac{d}{2}\right)^2 + m\left(\frac{s}{2}\right)^2\right] \tag{3-27}$$

该转动惯量即为非均质体的转动惯量实测值。

3.6.6　思考题

（1）如果非均质体的质心偏离三线摆的轴线，测量的转动惯量是否准确？误差在什么地方？

（2）扭摆过程中可能会有横摆，横摆对转动惯量测定是否有影响，如何避免？

3.7　自　激　振　动

机械振动是指物体在其平衡位置附近往复变化的现象,如钟摆的摆动、汽车的颠簸、混凝土振动捣实等。根据有无能量输入和振动有无阻力,机械振动分为自由振动、受迫振动、有阻尼振动和无阻尼振动等。

一个质量块受初始扰动,仅在恢复力作用下产生的振动称为**自由振动**,如一个悬挂于弹簧下方的物体振动就是自由振动。自由振动的固有频率,又称圆频率或角频率 ω_0,指在 2π 秒内系统振动的次数,它与弹簧刚度 k 和物块质量 m 有关。

$$\omega_0 = \sqrt{\frac{k}{m}} \qquad\qquad (3\text{-}28)$$

固有频率是由振动系统的固有特性决定的,每个振动系统都有自己的固有频率。

一个振动系统如果不受阻力,振动一旦产生,振幅就不会随时间变化,不需补充能量,一直振动下去。但任何一个振动系统都有阻力,振幅会随时间而降低直至停止振动,这就是**阻尼振动**。要想维持一个振动系统持续振动,就必须有外界能量的输入。在外加激振力作用下的振动称为**受迫振动**。理论分析表明,对于一个无阻尼受迫振动系统,当激振频率趋于系统的固有频率时,系统的振幅会趋于无穷大,这就是**共振**。但因为振动系统都有阻力,共振的振幅受阻尼作用不会无穷大。随着阻尼的增大,振幅会显著下降。共振是十分有害的,很多结构或工程的破坏就是由于共振引起的。

研究自由振动、受迫振动的微分方程为线性微分方程,所以这类问题称为线性振动问题。这里介绍的自激振动属于非线性振动问题,它是工程中大量存在的一种振动形式,研究其规律有着重要的工程意义。

3.7.1　实验目的

(1) 了解自由振动、受迫振动和自激振动的力学概念、特征和产生机理。

(2) 认识高压线风吹自激振动现象,了解自激振动模型的振幅与风速之间的关系。

3.7.2　实验仪器

(1) ZME-1 试验台。

（2）激光型转速表、数字风速仪、砝码、秒表等。

3.7.3　实验原理

对于线性振动系统，由于阻尼的存在，只有外界提供周期的激励力才能维持系统的周期振动，那么周期激励力从何而来？这是关于非线性振动的问题。研究表明，对于非线性振动系统，常能源能引起或维持周期运动，这种运动称为自激振动。例如，钟摆的摆动、乐器丝弦的振动、心脏的周期跳动等就属于这种现象。自激振动的机理，是常能源产生"负阻尼"，它和线性系统的"正阻尼"不同，阻尼方向不是和振动物体的运动方向相反，而是相同，因而能使系统由于正阻尼作用耗散的能量得到补充。一个系统中同时存在正阻尼和负阻尼时，在一定条件下，经过一定时间，即使系统没有受到初始扰动，系统也会产生稳定和不衰减的周期振动，这就形成自激振动。例如，我们经常看到的大风引起的电线上下跳跃，大型广告牌"噼噼啪啪"的振动声音等就是典型的自激振动例子。

这里演示的自激振动，模拟的是高压线在水平风力作用下引起的上下振动问题，如图 3-21 所示。若打开试验台左侧立柱上的风机，吹向右侧的模拟高压线模型，一段时间后，可以观察到模型开始振动。振动的振幅与风速有关，在某一风速下达到最大值（图 3-22）。这是因为，根据空气动力学的有关原理，气流会在模型后面形成卡门漩涡，两个漩涡之间的时间间隔为 τ，$\frac{1}{\tau}$ 为其频率，当这个频率和系统的固有频率接近时，这个系统的振幅就会达到最大值。显然，这种振动不是自由振动，因为它没有初始的能量输入；它也不是受迫振动，因为它没有周期的能量输入，这种振动就是自激振动。

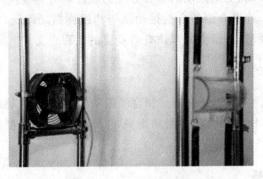

图 3-21　自激振动模型

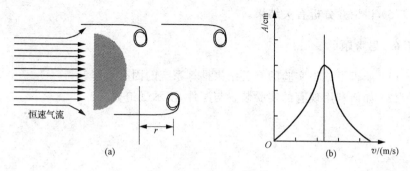

图 3-22　自激振动原理

3.7.4　实验步骤

（1）调节试验台的四个支撑滚轮，使用水平尺校正和固定，让试验台的台面纵横均呈水平。

（2）从附件柜中拿出砝码，分几次用不同重量砝码挂吊在模拟高压输电线的半圆形模型底部中间的小孔上。通过固定于立柱上的标尺，目测和记录弹簧系统的变形。

（3）卸掉砝码，拆下半圆形模型，称取其重量，然后重新装好。

（4）接通调压变速器的电源，将输出端与风机输入接口连接，调整电压由低到高使风机启动，让电压旋扭指示到 120V 的位置；用转速表和风速表测量和记录风机的转速、电缆模型处的风速、模型的双振幅和振动 20 次的时间。

（5）让电压每次增加 20V，分 5 次直到 220V，每次均记录转速、风速、双振幅和振动 20 次的时间。实验至少重复两次。

（6）实验结束后，将调压变压器旋扭转到 0V 位置，关闭电源。

3.7.5　数据处理

（1）根据砝码重量 F 和模型位移 δ 求弹簧系统的刚度。

$$k = \frac{F}{\delta}$$

（2）根据模型的质量 m 和计算的弹簧刚度 k，用式（3-28）计算系统的固有频率。

（3）计算各级风速下的振动频率。

（4）根据各级测算数据绘制风机转速-风速图、风速-振幅图和风速-频率图。

（5）讨论并分析有关结果。

3.7.6　思考题

（1）能否根据该实验的有关结果推算系统的固有频率？

（2）如何利用现有的实验装置与配件,演示受迫振动？

第4章 材料力学性质检测实验

4.1 概　　述

材料的力学性质或性能也称为机械性质,是指材料在外力作用下表现出来的变形、破坏等方面的特性。根据所受外力和工况要求的不同,材料力学性质分为拉伸、压缩、扭转、冲击、疲劳等多种,它是反映材料变形破坏特性的重要指标,是进行工程结构设计和力学分析的基础参数。材料的力学性质要通过实验测定。

材料的力学性质与检测试件的形状、尺度、加载速度和方式、温度、压力等因素有关,只有在相同实验条件下检测的指标才有比较的意义,因此有了国家或行业的实验检测标准。材料的力学性质检测实验就是根据这些标准制定的,一般采用标准试件,要求符合规定的加载条件和精度要求。

本章重点介绍常温常压条件下,材料的拉伸、压缩、扭转、冲击、疲劳等力学性质的检测实验。学习的目的在于了解材料在外力作用下表现出来的变形、破坏现象,加深对力学理论的认识;了解材料力学性质的检测设备,掌握检测方法。

4.2　拉伸实验

拉伸实验是材料力学性能检测的基本实验,也是工程材料质量检验的常规实验,应用十分广泛。通过拉伸实验可以真实全面地了解材料的弹性变形、塑性变形、断裂破坏等力学行为,获得弹性模量、屈服极限、强度极限、延伸率、截面收缩率等重要力学性能指标,以便作为材料选择和工程设计的基本依据。

材料拉伸实验为室温静载实验。按照 GB/T 228—2002 国家金属材料拉伸实验标准,室温的温度范围为 $10\sim35℃$,对于温度有严格要求的实验,实验温度应为 $(23\pm5)℃$。对于加载速度,不同的实验阶段要求不同,应变速率的范围为 $0.00025\sim0.0025s^{-1}$。其中,弹性阶段要取下限,屈服和强化阶段可以稍高些,详细要求可查有关标准。

试样的形状、尺寸取决于被实验金属产品的形状与尺寸,通常需经机加工制成试样。对有恒定横截面的型材产品和铸造产品也可不经机加工取样实验。试样横截面可取圆形、矩形、多边形、环形等形式,原始标距与原始横截面的关系要求满足

$$L_0 = k \sqrt{S_0} \tag{4-1}$$

满足这一关系的试件称为比例试件。比例系数 k 规定取值 5.65,原始标距要求不小于 15mm。当横截面积太小,按该比例系数确定的标距不能满足这一最小标距要求时,建议采用 $k = 11.3$ 的非比例试样。根据这一规定,金属材料的拉伸试样一般采用以下两种形式。

1) 10 倍试样

圆形截面

$$L_0 = 10d_0 \tag{4-2}$$

矩形截面

$$L_0 = 11.3 \sqrt{S_0} \tag{4-3}$$

2) 5 倍试样

圆形截面

$$L_0 = 5d_0 \tag{4-4}$$

矩形截面

$$L_0 = 5.65 \sqrt{S_0} \tag{4-5}$$

试件加工误差根据不同的试样有不同的要求。对于直径 10mm 的圆形试样,直径尺寸公差要求为 ±0.07mm,沿长度的最大与最小直径之差不超过 0.04mm。试样表面不应有刻痕、切口、翘曲及淬火裂纹痕迹等。

工程力学拉伸实验选用低碳钢和铸铁两种材料,一般采用直径 10mm 的长试样,其加工形状与要求如图 4-1 所示。

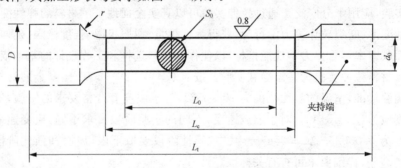

图 4-1　金属材料拉伸试样

　　拉伸实验所用设备为单轴拉力试验机,试验机和引伸计的精度有明确的标准要求。

4.2.1　实验目的与要求

　　(1) 了解万能试验机的构造和工作原理,掌握其操作规程和使用注意事项。
　　(2) 测定低碳钢拉伸时的屈服极限、强度极限等强度指标和断后延伸率、断面收缩率等变形指标。
　　(3) 测定铸铁拉伸时的强度极限。
　　(4) 观察分析低碳钢和铸铁两种材料的拉伸变形现象,绘制拉伸荷载-变形图或应力-应变图。
　　(5) 认识低碳钢和铸铁两种材料的破坏特点与性能差异。

4.2.2　设备、仪器及试样

　　(1) 电子万能试验机或液压万能材料试验机。
　　(2) 游标卡尺 1 支。
　　(3) YJY-12 引伸计 1 个。
　　(4) 直径 10mm,标距 10 倍直径的低碳钢和铸铁试样各 1 个。实验前先用刻线机将试样的标距 10 等分或用打点机打上等分点。

4.2.3　低碳钢拉伸实验

　　1. 实验原理及方法

　　低碳钢是比较典型的塑性材料,其拉伸实验的荷载-变形图如图 4-2 所示,可分为四个阶段。
　　(1) 弹性阶段:显著特征是若在该阶段卸载变形能够完全回复,且在直线段上满足单向应力胡克定律 $\sigma = E\varepsilon$,据此可以测定材料的弹性模量 E。根据直线段的上限荷载 F_p 和横截面积 S_0 可以确定比例极限。

$$R_p = \frac{F_p}{S_0} \tag{4-6}$$

　　(2) 屈服阶段:屈服阶段的显著特征是变形增大,荷载在一定范围内振荡,$F\text{-}\Delta L$ 曲线呈锯齿形,在该阶段卸载将会留下残余变形。按照 GB/T 228—2002 新标准,试样发生屈服,而力首次下降前的最高应力(图 4-2)定义为上屈服强度 R_{eH},屈服期间不计初始瞬时效应的最低应力为下屈服强度

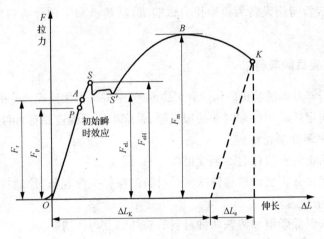

图 4-2　低碳钢拉伸图

R_{eL}。上屈服强度和下屈服强度的求法有三种：①图解方法，即根据实验记录的
F-ΔL 曲线计算；②指针方法，即根据测力盘指针首次回转前指示的最大力和不
计初始瞬时效应时屈服阶段中指示的最小力或首次停止转动指示的恒定力计
算；③采用计算机处理或自动测试系统等自动装置计算。由于上屈服极限受变
形速度和试样形状的影响较大，一般采用下屈服强度作为材料的屈服极限 σ_s，即

$$\sigma_s = R_{eL} = \frac{F_{eL}}{S_0} \tag{4-7}$$

其中，F_{eL} 为下屈服荷载值。

　　（3）**强化阶段**：屈服过后随着变形增加，材料抵抗变形的能力重新获得提
高，直至达到最高值。该应力最高值称为材料的强度极限。

$$R_m = \frac{F_m}{S_0} \tag{4-8}$$

其中，F_m 为拉伸实验的强度极限荷载值。

　　（4）**颈缩阶段**：荷载达到强度极限后，随着变形增加，试样会在某一部位
产生颈缩，而且发展很快，荷载随之下降，达到某点后试样断裂。观察可以发
现，试样断口为杯口形，而非平截面，这是塑性破坏的典型特征。

　　低碳钢拉断之前发生较大的塑性变形是其显著特征。其塑性变形用**断后
伸长率**和**断面收缩率**表示。断后伸长率定义为断后标距残余伸长（$L_u - L_0$）
与原始标距 L_0 之比的百分率，即

$$A = \frac{L_u - L_0}{L_0} \times 100\% \tag{4-9}$$

由于断口附近塑性变形最大，L_u 的量取与断口的部位有关。如断口发生于 L_0 的两端或在 L_0 之外，则实验无效，应重做。若断口距 L_0 一端的距离小于或等于 $L_0/3$，如图 4-3(b)、图 4-3(c)所示，则按下述断口移中法测定 L_u。在拉断后的长段上，由断口处取约等于短段的格数得 B 点，若剩余格数为偶数(图 4-3(b))，取其一半得 C 点，设 AB 长为 a，BC 长为 b，则 $L_u=a+2b$；当长段剩余格数为奇数(图 4-3(c))，取剩余格数减 1 后的一半得 C 点，加 1 后的一半得 C_1 点，设 AB、BC 和 BC_1 的长度分别为 a、b_1 和 b_2，则 $L_u=a+b_1+b_2$。

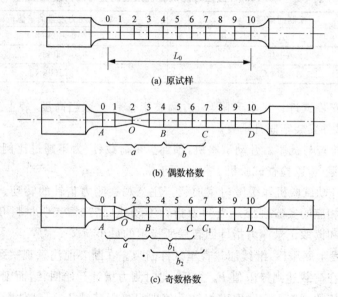

(a) 原试样

(b) 偶数格数

(c) 奇数格数

图 4-3　断口移中法的两种情况

断面收缩率定义为断裂后试样横截面积的最大缩减量(S_0-S_u)与原始横截面积 S_0 之比的百分率，即

$$Z=\frac{S_0-S_u}{S_0}\times100\% \tag{4-10}$$

2. 实验步骤

1) 度量试样尺寸

在试件的标距范围内，用游标卡尺分别测量试件两端及中部三个截面的直径，每处在相互垂直的两个方向上各测一次，取平均值作为该处的直径，以三处测量结果中的最小值作为 d_0，计算试件的横截面积 S_0，取三位有效数字。

2) 液压万能试验机实验步骤

（1）调整试验机。根据低碳钢试件所能承受的最大荷载估计,选择合适的测力度盘,并根据相应的摆锤,使其与所选用的测力度盘符合。例如,WE-100 液压万能试验机配有 A、B、C 三个不同重量的摆锤,根据不同的配置方式,测力度盘上可有三种测力范围,如表 4-1 所示。开动机器,使工作台上下移动,调好后,关闭油阀;然后调整平衡砣,使摆杆处于铅垂位置,再调整测力度盘指针到零点,并使副指针与之靠拢。

表 4-1　WE-100kN 液压万能试验机摆锤配置与测力度盘量值

配制的摆锤	试验机测力度盘的量值范围
A	0～20kN
$A+B$	0～50kN
$A+B+C$	0～100kN

（2）安装试件。启动升降马达,调整工作台至适当高度,装上夹头和试件,并使试件安装牢固且垂直。

（3）检查与试车。开动试验机,预加少量荷载(应力不超过比例极限),然后卸载至零点,以检查试验机工作是否正常。

（4）开动试验机并缓慢匀速加载。注意观察测力指针的转动、自动绘图的情况和相应的实验现象。当测力指针不动或回转时,表明材料开始屈服。注意捕捉和读取记录测力指针回转后所指示的最小荷载 F_{eL}。

（5）发生屈服后,继续加载直至试件断裂。在断裂前注意观察颈缩现象。颈缩发生在荷载达到极限值 F_m 之后,此时测力指针开始回转,而副指针则停留在最大值的刻度上。读取副指针示值即得极限荷载 F_m。试件断裂后关闭试验机,取下试件。

（6）将断裂试件的两段对齐并尽量挤紧,用游标卡尺测量拉断后的试件标距 L_u,并对接好断口,在互相垂直的方向上测量试件断口处的直径,取平均值作为该处的直径,计算试件断口处的横截面面积 S_u。

（7）取下自动绘图仪所绘的拉伸曲线图纸。

3）电子万能试验机实验步骤

（1）接通电源,开启计算机,双击桌面上"Test"图标,以学生用户身份输入密码登录,进入程序主界面。

（2）打开控制器电源,红色电源灯亮,调整控制器状态使其进入可以联机的状态。

（3）将负荷传感器连接到横梁。

（4）根据试样的形状尺寸及实验目的更换合适的夹具。

（5）在方法定义界面中定义实验方法。

① 在基本设置界面中将方法类型设为拉伸，拉伸实验标准设为 GB/T 228—2002；测试及报告输出语言设为简体中文，试验结果是否修约设为修约；试样形状、标距、直径分别设为棒材、100mm、10mm；在可选计算项目栏中选择下屈服力、下屈服强度、最大力、抗拉强度、断后伸长率、断面收缩率、弹性模量；计算间隙预负荷设为 0.01kN；在计算方法及输入对话框中将弹性段上下限分别设为 30%、60%，忽略力值波动设为 0.05%；

② 在设备及通道界面中，设置设备类型为使用常规引伸计，摘除点为 2mm，选中"提示用户，继续试验"选项，检查页面右上角各参数设置；

③ 在控制与采集页面中，设置开始试验前自动清零，横梁初始移动方向为向下，试验速度为 3mm/min，编辑常用调节速度为 5mm/min、10mm/min、15mm/min、20mm/min、30mm/min，断裂敏感度为 50，断裂阈值为 1kN；在设置通道对话框选择力、位移、变形三个通道；在实时曲线对话框选择曲线跟踪方式是载荷-变形曲线；

④ 在方法主菜单下拉菜单中选择"另存为"，以"低碳钢拉伸实验"为文件名保存。

（6）在实验操作界面中单击"联机"按钮，听到"咔嗒"声，联机成功。

（7）单击"启动"按钮，控制器的绿色启动灯亮，界面左侧的大部分实验按钮处于可用状态。

（8）安装试样。使用手控盒或主界面上的升降按钮调节上夹头到合适位置，将拉伸试件一端装入上夹头，依靠转动夹具上的手柄夹紧试样，旋转下夹头手柄增大开口度，慢速移动横梁，使试件对中插入下夹头并夹紧。

（9）安装引伸计。

① 首先将定位销插入定位孔内；

② 用两个手指夹住引伸计上下端部，将上下刀口中点接触试件（试件测量部位）用弹簧卡或皮筋分别将引伸计的上下刀口固定在试件上，如图4-4(a)所示；

③ 取下定位销，如图 4-4(b)所示。

（10）单击"开始实验"按钮开始加载实验，此时会弹出"再次输入试件标距和直径"对话框，检查无误后点击"确定"按钮。

（11）试件被拉到预定值 2mm 后系统提示摘除引伸计，此时单击"摘引伸计"按钮后取下引伸计，继续实验。

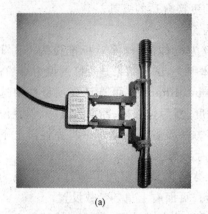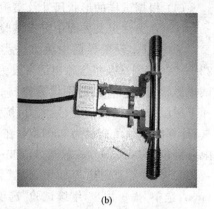

　　　　　　(a)　　　　　　　　　　　　　　　　　(b)

图 4-4　引伸计安装

　　（12）观察实时曲线的变化，注意屈服现象及试件拉伸的实验现象。屈服过后，可右击速度通道，加快速度。试件破断自动停止实验。

　　（13）在自动弹出对话框中选择"实验有效"，并输入数据文件名保存数据。用游标卡尺测量试件断后标距和直径并输入自动弹出对话框，点击"确定"按钮后自动进入数据处理界面，读取弹性模量 E、屈服极限（流动极限）σ_s、强度极限 R_m、伸长率 A、断面收缩率 Z，观察曲线并打印输出。

　　（14）松开上下夹头，移动横梁，取下试件。

　　（15）退出实验程序，关闭电源。

3. 数据处理

　　计算结果保留三位有效数字，并遵循表 4-2 的修约规定。

表 4-2　材料力学性能指标数值的修约规定

性能	范围	修约到
R_{eH}、R_{eL}、R_{ep}、R_{em}	200MPa 以下	1MPa
	200～1000MPa	5MPa
	>1000MPa	10MPa
A、Z	—	0.5%

4.2.4　铸铁拉伸实验

　　铸铁是比较典型的脆性金属材料，其拉伸 F-ΔL 曲线图如图 4-5 所示。铸铁的拉伸性质与低碳钢相比有着显著的不同：没有屈服和颈缩阶段，直线段也不明显;塑性变形很小,破坏具有突然性;断口平齐,属于最大拉应力破坏方式;抗拉强度远小于低碳钢的抗拉强度等。因此,工程上只测铸铁的强度极限 $R_m = \dfrac{F_m}{S_0}$,并且应力-应变关系近似看做弹性关系。铸铁的拉伸实验步骤和低碳钢相同,不再叙述。

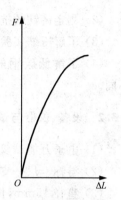

图 4-5　铸铁试样拉伸图

4.2.5　思考题

（1）碳钢拉伸曲线分几个阶段？如何测定其屈服极限和强度极限？

（2）低碳钢延伸率 A 在载荷-位移曲线上如何表示？从试件上和曲线上确定 A 数值是否相同？

（3）为什么拉伸实验必须采用标准试样或比例试样？材料和直径相同而长短不同的试样,它们的延伸率是否相同？

（4）铸铁的拉伸与低碳钢拉伸有何区别？

4.3　压 缩 实 验

压缩实验也是材料力学性质检测的基本实验,尤其是脆性材料压缩实验同塑性材料的拉伸实验一样重要。压缩实验和拉伸实验相比,一个突出问题是很难获得均布单向压应力区。根据圣维南原理:"力作用于杆端方式不同,只会使与杆端距离不大于杆的横向尺寸的范围内受到影响",受加载偏心、摩擦约束因素影响,要想获得横截面应力均布的单向压应力区,试样长度与横向尺寸之比至少应大于 2 倍。但试样长了容易"失稳",甚至有蹦出的危险,给实验增加新的困难。所以压缩试样必须有统一的标准,实验结果仅有相对的比较意义,并不反映真实的应力情况。金属材料的压缩实验现已执行 GB/T 7314—2005 标准,一般选用圆柱形试样,高与直径之比取 1.0～2.0,直径10～20mm。砂浆、混凝土等建筑材料则采用立方试样,尺寸另有规定标准。本教程主要介绍灰铸铁的压缩实验,简要介绍低碳钢的压缩现象。

4.3.1　实验目的与要求

（1）观察分析铸铁的压缩变形与破坏现象。

（2）测定铸铁的抗压强度 R_m 或强度极限 σ_b。

（3）了解压缩实验设备，掌握压缩实验方法。

（4）了解低碳钢的压缩特性，比较塑性、脆性材料拉伸与压缩性质的不同。

4.3.2　设备、仪器与试样

（1）电子万能试验机或液压万能材料试验机。

（2）游标卡尺一支。

（3）直径 15mm，长（或高）25mm 铸铁和低碳钢试样各一个。

4.3.3　灰铸铁压缩实验

1. 实验原理及方法

压缩实验一般采用两端平压法，即将两个端面平行的试样对中置于试验机的上下承垫之间做压缩实验。为了克服两个端面不平行造成的压力不均，保证承垫和试样端面紧密接触，下承垫为一球形座，如图 4-6 所示。

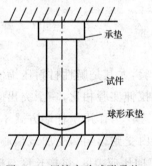

图 4-6　压缩实验球形承垫

压缩实验有两个值得注意的问题：一是试样受到轴向压力后，要发生横向膨胀变形。但在试样的两端，由于承压垫的摩擦约束不能自由变形而形成一个三向受压的锥形区。两个锥形区不相交，则会在试样中间获得一个单向压应力区，否则得不到单向压应力状态，试样要求一定的高径比正是基于这一原因。另一个问题，两个端截面不平造成受压不均而导致偏心压缩。所以，压缩实验不像拉伸实验那样容易获得单向应力状态。为了克服压缩实验的端部影响，试样端面要尽量光滑，平行度要求 100mm 长度内小于 0.01mm；实验时应在试样两端涂上一层润滑脂，以减少摩擦。

灰铸铁的压缩变形与破坏形式如图 4-7、图 4-8 所示。和拉伸实验相比，铸铁的压缩实验有几个明显特点：

（1）尽管铸铁是典型的脆性金属材料，但在破坏前仍有较大的塑性变形，这可看做三向应力作用的结果。

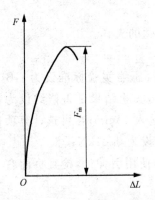

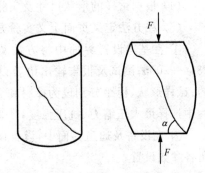

图 4-7　灰铸铁的压缩变形图　　　　　　　　图 4-8　灰铸铁的压缩破坏端口

（2）在压缩过程中，由于试样两端的摩擦约束而发生腰鼓现象。

（3）试样破坏面为斜截面，破坏面与轴向的夹角为 45°～55°。

（4）抗压强度大于抗拉强度，为抗拉强度的 3～4 倍。

2. 实验步骤

1）测量试样的截面尺寸及高度

其中截面尺寸取试样的中间部位，沿相互垂直的两个方向测量直径，取平均值计算截面面积 S_0。

2）液压万能试验机压缩实验步骤

（1）调整试验机。根据估计的最大荷载，选用合适的测力度盘和与相匹配的摆锤，并调整示力指针指零。

（2）安装试样。将压缩试样放置在下承垫的正中间，提升活动平台，当试样接近上承垫时，调整好球形承垫，使试样端面与上承垫平行。

（3）加载直至断裂。加载应均匀、缓慢，速率控制在 3～30MPa/s，必要时要在试样周围加防护罩，以免在实验过程中试样飞出伤人。

（4）记录下试样破裂时的最大荷载 F_m。

3）电子万能试验机压缩实验步骤

（1）接通电源，开启计算机，双击桌面上"Test"图标，以学生用户身份输入密码登录，进入程序主界面。

（2）打开控制器电源，红色电源灯亮，调整控制器状态使其进入可以联机的状态。

(3) 将负荷传感器连接到横梁。

(4) 根据试样的形状尺寸及实验目的更换合适的夹具。

(5) 在方法定义页面定义实验方法。

① 在基本设置界面中将方法类型设为压缩,压缩实验标准设为 GB/T 7314—2005;测试及报告输出语言设为简体中文,实验结果是否修约设为修约;试样形状、标距分别设为棒材和 25mm,直径输入 15mm;在可选计算项目栏中选择最大压缩力、抗压强度;计算间隙预负荷设为 0.01kN;

② 在设备及通道界面中,设置设备类型为不使用引伸计,检查页面右上角各参数设置;

③ 在控制与采集页面中,设置实验前消除间隙后自动清零,横梁初始移动方向为向下,实验速度为 1mm/min,调节间隙预负荷 0.1kN,调节间隙速度为 5.0mm/min;激活返回速度为 30mm/min,断裂敏感度为 70,断裂阈值为 2.0kN;在设置通道对话框选择力、位移两个通道;在实时曲线对话框选择曲线跟踪方式是载荷-位移曲线;

④ 在方法主菜单下拉菜单中选择"另存为",以"铸铁压缩试验"为文件名保存;

⑤ 在实验操作界面中单击"联机"按钮,听到"咔嗒"声,联机成功。

(6) 单击"启动"按钮,控制器的绿色启动灯亮,界面左侧的大部分实验按钮处于可用状态。

(7) 安装试样。将试样置于上下压头中间即可。

(8) 按手控盒"下降"按钮,调整横梁位置到距离试件 1~5mm。

(9) 单击"开始试验"按钮开始加载实验,此时会弹出"再次输入试件直径"对话框,检查无误后点击"确定"按钮。

(10) 观察实时曲线的变化,注意试件压缩的变形,试件破断自动停止实验。

(11) 在自动弹出对话框中选择"试验有效"并输入数据文件名保存数据。进入数据处理界面,读取抗压强度 σ_b、最大压缩力 F_m,观察曲线并打印输出。

(12) 点击"上升"按钮横梁自动返回实验前位置,取下试件。

(13) 退出实验程序,关闭电源。

3. 数据处理

对液压万能试验机压缩实验,需按式(4-8)人工计算抗压强度。计算结

果保留三位有效数字,并遵循表 4-2 的修约
规定。

4.3.4　低碳钢的压缩实验

低碳钢的实验压缩步骤和方法同铸铁压
缩实验,其压缩曲线如图 4-9 所示。

比较低碳钢的压缩和拉伸曲线,可见低碳
钢压缩有明显的弹性阶段,且弹性极限和弹性
模量与拉伸实验相同。屈服阶段虽不明显,但
仔细观察,亦能测到,其下屈服强度也基本和

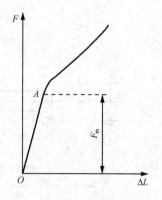

图 4-9　低碳钢的压缩曲线

拉伸时相同。但由于试样不会发生脆性破坏,只能越压越扁而测不到强化阶
段,更没有颈缩现象。所以通常把塑性材料的拉压特性看做相同,而不做压缩
实验。

4.3.5　思考题

(1) 低碳钢和铸铁在拉伸及压缩时机械性质有何差异?

(2) 为什么铸铁试样在压缩时沿着与轴线大致成 45°的斜截面破坏?

(3) 为什么不能测到低碳钢的压缩强度极限?

4.4　扭　转　实　验

圆轴受扭时,材料处于纯剪应力状态。扭转实验主要用于研究不同材料
在纯剪作用下的力学性质。扭转现象在机械工程中十分普遍,能量的传递和
分配主要通过扭转实现,所以扭转实验对于机械工程设计和选材十分重要。
土建结构虽然没有机械工程那么多的“轴传动”问题,扭转仍是基本变形形式,
许多构件因为受扭破坏或失效。但作为实验教学内容,扭转实验主要面向金
属材料。根据金属材料室温实验的国家标准 GB 10128—88,扭转试样直径推
荐 10mm,长短两种试样的标距 $L_{\circ}$ 分别取 100mm 和 50mm,平行长度 L_{c} 分
别取 120mm 和 70mm,头部形状和尺寸按试验机夹头要求制备。若采用其他
直径试样,其平行长度 L_{c} 应为标距加上二倍直径。扭转试样的形状、尺寸及
加工如图 4-10 所示。

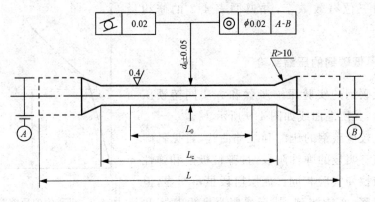

图 4-10　扭转试样

4.4.1　实验目的

(1) 测定低碳钢的剪切屈服极限 τ_s,低碳钢和铸铁的强度极限 τ_b。

(2) 比较低碳钢和铸铁试样受扭时的变形规律及其破坏特征。

(3) 了解扭转试验机的基本原理,掌握操作方法。

4.4.2　实验设备及试样

(1) NJ 系列扭转试验机或电子扭转试验机。

(2) 游标卡尺一支。

(3) 标距 100mm 低碳钢和铸铁试样各一个。

4.4.3　实验原理及方法

(1) 低碳钢的扭转。低碳钢的 T-ϕ 扭转曲线如图 4-11 所示。在扭矩小于比例极限 T_p 的 OA 段,T-ϕ 成线性关系,剪切胡克定律成立,试样横截面上的剪应力线性分布如图 4-12(a)所示。当 T 继续增加超过弹性极限后,横截面边缘处的剪应力首先到达剪切屈服极限 τ_s,并逐渐向中心扩展,形成一个环状塑性区,如图 4-12(b)所示,由于中心部分仍然是弹性的,T 仍可继续增加,但 T-ϕ 的关系成为曲线。直到整个截面几乎都是塑性区(图 4-12(c)),扭矩 T 增加到 B 点,示力度盘的指针基本不动或轻微摆动。若此时相应的扭矩为 T_s,根据横截面上的平衡条件

$$T_s = \int_A \rho(\tau_s \mathrm{d}A) = 2\pi\tau_s \int_0^{\frac{d}{2}} \rho^2 \,\mathrm{d}\rho = \frac{\pi d^3}{12}\tau_s = \frac{4}{3}W_p\tau_s$$

得

$$\tau_s = \frac{3T_s}{4W_p} \tag{4-11}$$

其中，ρ 为横截面上微面积单元 $\mathrm{d}A$ 到中心的距离；$W_p = \dfrac{\pi d^3}{16}$ 为抗扭截面模量。

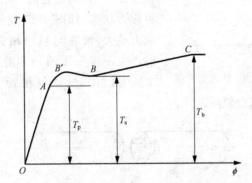

图 4-11　低碳钢扭矩-转角关系图

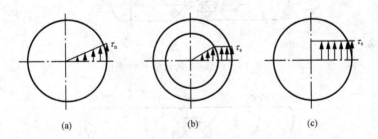

图 4-12　不同扭转阶段的横截面剪应力分布

　　材料完全屈服后，由于强化又使扭矩缓慢上升。这一阶段的变形非常显著，试样表面的纵向标志线会变成螺旋线。直至材料全部强化后，扭矩达到极限值 T_b，试样被扭断。与式 (4-11) 的推导类似，可得剪切强度极限 τ_b 的下列计算公式：

$$\tau_b = \frac{3T_b}{4W_p} \tag{4-12}$$

　　(2) 铸铁的扭转。铸铁的 T-ϕ 扭转实验曲线如图 4-13 所示。和低碳钢的扭转曲线相比，铸铁破坏前的塑性变形很小，破坏具有突然性，其扭矩-转角曲线可近似看做线性，因此其剪切强度极限按下式计算：

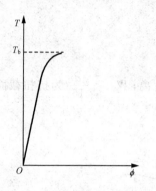

图 4-13　铸铁扭矩-转角变形图

$$\tau_b = \frac{T_b}{W_p} \tag{4-13}$$

（3）扭转破坏机理。低碳钢和铸铁的扭转破坏断口如图 4-14(a)、图 4-14(b)所示，低碳钢的断口为平截面，铸铁断口则为约与轴线成 45°方向的翘面。由于圆轴扭转为纯剪应力状态，如图 4-15 所示，在横截面上剪应力最大，而在与轴向相交±45°的两个方向产生一拉一压两个和剪应力大小一样的主应力，可知低碳钢扭转为剪应力破坏方式，铸铁则为拉应力破坏方式。

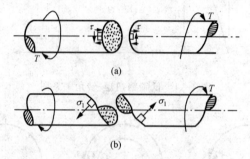

图 4-14　低碳钢、铸铁的扭转端口

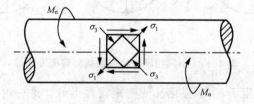

图 4-15　圆轴扭转的应力状态

4.4.4　实验步骤

（1）用游标卡尺测量试样直径，计算抗扭截面模量 W_p。在试样中央和两端三处，沿相互正交的两个方向测量直径取平均值，然后取三处直径最小者作为试样直径计算 W_p。

（2）用粉笔在试样表面画一条纵向标志线，以备观察扭转变形。

（3）NJ 系列扭转试验机的操作。

① 旋转螺钉将滑块调到适当位置；

② 将试件一端装入静夹头，推动尾座到适当位置；

③ 轻轻按压正转或反转按钮，使主动夹头处于合适位置，将试件另一端装入动夹头，并夹紧；

④ 调整指针指零。

⑤ 通过正转或反转施加荷载。对于低碳钢试件，首先要慢速加载，即调节转速旋钮，缓慢而均匀地加载，当测力指针前进速度渐渐减慢以至停留不动或摆动时，表明试样开始进入屈服，注意捕捉和读取 T_s，屈服过后调节转速旋钮，以约 $120°/\min$ 的转速加载，直至试件破坏，并立即停车，记下被动指针所指的最大扭矩。注意观察测角度盘的读数；铸铁的实验步骤与低碳钢相同，但因扭断前变形很小，需采用慢速加载方式，并且只能测到试件破坏时的最大扭矩值；

⑥ 当试样断裂后，松开夹具，取出断裂的试件。

（4）电子扭转试验机的操作过程。

① 将试件装入扭转试验机夹槽内，用内六角扳手旋紧螺丝，固定好试件；

② 接通电源，打开试验机电源开关；

③ 开启控制计算机，打开 P-MAIN 试验软件程序，联机；

④ 分别点击"试样录入"及"参数设置"菜单，按照提示输入参数（注意，开始的实验速度不宜过大）；

⑤ 点击"试验开始"，选择合适的实验曲线种类（一般选择"扭矩-转角"曲线）；

⑥ 如有必要可以改变实验速度，单击"确定"予以确认；

⑦ 试件断裂后点击"试验结束"，结束实验，保存实验结果；

⑧ 拆除断裂试件，进行下一次实验；

⑨ 实验全部结束后，脱机退出程序，关闭试验机电源，关闭电脑，关闭总电源开关。

4.4.5　思考题

（1）低碳钢拉伸和扭转的断口形式不同，破坏原因是否相同？

（2）铸铁压缩和扭转时的断口都与轴线成 $45°$ 方向，破坏机理是否相同？

（3）试根据拉伸、压缩、扭转三种实验结果分析低碳钢和铸铁材料力学性能的差异。

4.5　剪切弹性模量 G 的测定实验

剪切弹性模量 G 是反映材料剪切性能的重要指标,它和弹性模量 E、泊松比 μ 共同构成弹性力学的三个基本常数。测定剪切弹性模量 G 属于扭转实验,但由于是非破坏性实验,多数高校采用小型扭转试验台组织教学。应指出,现在已能在电子扭转试验机上,通过配上扭角变形测量仪和相应的计算机软件,自动完成剪切模量的测定工作。

4.5.1　实验目的与要求

(1) 验证低碳钢受扭时的胡克定律。
(2) 测定低碳钢的剪切弹性模量 G。

4.5.2　实验设备与仪器

(1) 小型扭转角试验台或电子扭转试验机。
(2) 扭角仪。
(3) 百分表、游标卡尺。

4.5.3　实验原理及方法

测量剪切弹性模量 G 的试验台种类很多,但原理基本相同,都需要借助扭角仪测出扭转角。图 4-16 是扭角仪的构造原理和安装示意图。它由两个可以紧固在试样上的臂杆 AC 和 BDE 组成,当试样受扭,标距 L_0 两端截面产生相对扭转时,推杆 E 推动百分表测出位移 δ,根据百分表触点到试样轴线的距离 b 可计算出扭转角。

$$\phi = \frac{\delta}{b} \tag{4-14}$$

根据外力扭矩 T、圆截面的极惯性矩 I_p,在剪切比例极限内,由扭转变形公式可以求出剪切弹性模量 G。

$$G = \frac{TL_0}{\phi I_p} \tag{4-15}$$

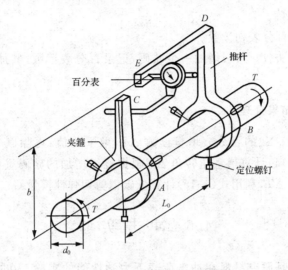

图 4-16　扭角仪的构造原理示意图

4.5.4　实验步骤

　　本书主要介绍扭角测 G 仪的操作步骤。扭角测 G 仪如图 4-17 所示,采用砝码加载方式。

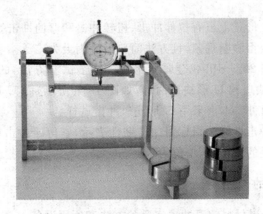

图 4-17　扭角测 G 仪

　　(1) 测量试样截面直径,计算极惯性矩 I_p。在试样中央和两端沿相互正交的两个方向用游标卡尺测量试样直径,计算平均值作为试样直径。

　　(2) 安装或调整扭角仪的臂杆和百分表。

　　(3) 用手指轻轻敲击砝码盘,观察百分表指针是否灵活摆动,以检查百分表装卡是否正确。

（4）记录百分表初读数。

（5）逐级加载。每级增加一个砝码，记录百分表读数，共加载五级，然后卸载。

4.5.5　实验结果处理

计算每级荷载的百分表增量读数 Δn_i，取平均值，再除以 100 换算为毫米，利用式(4-14)计算增量扭转角 $\Delta\varphi$；根据逐级增加的砝码重量和力臂长度计算增量扭矩 ΔT，利用式(4-15)计算低碳钢剪切弹性模量 G。

4.6　冲　击　实　验

冲击实验是研究材料在冲击荷载下力学性能的实验。在冲击荷载作用下，材料的力学性能和静载下的力学性能显著不同。一方面，塑性材料的弹性极限、屈服极限和强度极限都有提高，但塑性变小，材料变脆；另一方面，材料的内部缺陷对冲击荷载很敏感，因材料缺陷，特别是裂纹尖端容易引起应力集中而使材料发生脆断破坏；此外，材料的冲击性能对温度敏感，在低温下会出现"冷脆"现象。

冲击实验在形式上虽有拉伸冲击、扭转冲击和弯曲冲击等多种，由于弯曲冲击比较容易获得脆断现象，且方法简单而应用最为广泛。

根据 GB/T 229—1994《金属夏比缺口冲击试验方法》的规定，弯曲冲击的试样有 V 形缺口和 U 形缺口两种，如图 4-18 所示，而 U 形缺口的深度分 2mm 和 5mm 两种。本书采用 U 形浅口冲击试样。

材料抵抗冲击性能的指标用冲击韧性表示，它等于冲击试样缺口处单位横截面积上消耗的冲击功，单位为 MJ/mm^2。

4.6.1　实验目的

（1）了解金属材料常温冲击实验的方法和所用设备。

（2）测定低碳钢与铸铁的冲击韧度，观察、比较破坏情况。

4.6.2　实验设备、仪器和试样

（1）摆锤式冲击试验机 1 台。

（2）游标卡尺 1 个。

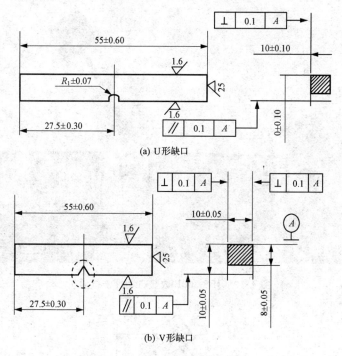

(a) U 形缺口

(b) V 形缺口

图 4-18　冲击试样

（3）铸铁、低碳钢冲击试件各 1 个。

4.6.3　实验原理

我国常用的冲击实验设备为摆锤式冲击试验机,结构比较简单。按最大冲击能量大小,冲击试验机划分为 300J、50J 等不同的规格。老式冲击试验机一般为度盘指针式,现在则流行屏显甚至计算机控制,具有自动提摆、测角、计算、复位、连续实验等多种功能。国产 JBS-300B 数显自动冲击试验机如图 4-19 所示,主要由机身、取摆机构、挂脱摆机构、测角装置、数显装置、度盘、摆锤、防护装置、电气部分等组成。

实验原理如图 4-20 所示。设摆锤重量为 G,若摆锤处在悬挂位置时的扬起角度为 α,其质心相对于试件中心的高度为 H。让摆锤自由落下,若冲断试件后继续向前摆到一个最大角度 β,相应高度为 h,若不计空气阻力及摩擦力,则试件被冲断时消耗的能量为

$$A_{KU} = G(H - h) \tag{4-16}$$

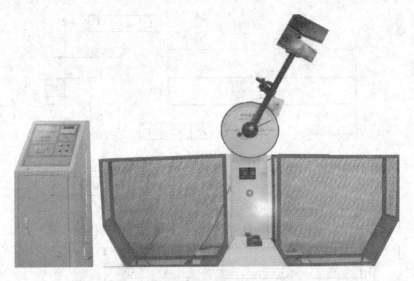

图 4-19　JBS-300B 数显自动冲击试验机

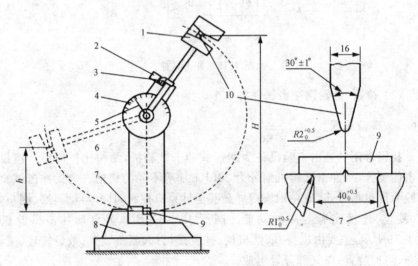

图 4-20　冲击试验机的结构与工作原理

1-摆锤;2-挂摆装置;3-挂齿;4-刻度盘;5-指针;

6-主机架;7-支座;8-底座;9-试件;10-摆锤刀刃

　　冲击试验机上的度盘就是按照上述原理刻制的,实验时可直接在度盘上读取冲击功 A_{KU},屏显试验机则直接显示出冲击功的数字。若断口的面积为 S_0,则冲击韧性为

$$\alpha_{KU} = \frac{A_{KU}}{S_0} \quad (J/cm^2) \qquad\qquad (4\text{-}17)$$

4.6.4　实验步骤

这里主要介绍普通度盘指针式冲击试验机的实验步骤。

（1）测量试件在缺口处的截面尺寸：长、宽、高，计算切口处断面面积。

（2）将重摆抬起，指针拨至最大值，空打一次，检查刻度盘上的指针是否回零点，否则应进行校正，用小锤轻敲刻度盘上的短针。

（3）安装试件：稍抬重摆，用小杆支撑；将试件放在冲击机的支座上，紧贴支座，缺口朝里，背向重摆刀口，并用对中样板对中。

（4）将操纵杆推向预备位置，抬高重摆，锁住。注意：此时在摆的摆动范围内禁止有人站立。

（5）推动操纵杆至冲击位置，重摆下落将试件撞断，这时推杆将随摆锤向右飞起而推动指针，使它指出撞断试件所需能量的读数。将操纵杆再推至停止位置，重摆即停。

（6）在刻度盘上直接读出撞击试件所消耗的功 A_{KU}。

（7）观察试件断口。

（8）按式(4-17)计算冲击韧性。

需要说明，按照 GB/T 229—1994 的国标规定，只确定试件的冲击吸收功 A_{KU}，以此代表材料的冲击性能指标。

4.6.5　思考题

（1）冲击试样为什么要开缺口？

（2）冲击吸收功 A_{KU} 反映的是材料的一种什么性质？

4.7　金属疲劳实验

金属的疲劳实验用于测定金属的疲劳破坏性质。在交变应力作用下，金属的疲劳破坏有三个不同于静载破坏的显著特征：①构件内的最大工作应力远小于静载下材料的强度极限或屈服极限；②即使塑性较好的低碳钢材料，破坏前也没有明显的塑性变形，破坏具有突然性；③疲劳破坏面的断口呈现两个截然不同的区域，一个光滑，一个粗糙。根据近代力学研究，引起疲劳破坏的原因，是材料内部存在裂纹源；在外力作用下，裂纹尖端由于应力集中而沿着与最大主应力相垂直的方向不断扩展;裂纹扩展到一定程度,相互联通交叉就会导致破坏。所以本质上疲劳破坏是一种三向拉伸下的脆断破坏。

循环特征或称应力比是交变应力的一个基本参数,它等于构件在一个应力循环中的最小应力与最大应力之比,用 r 表示。当 $r=1$ 时为对称循环,$r=0$ 时为脉动循环等。

试样疲劳破坏时所经历的应力循环次数称为材料的疲劳寿命 N。疲劳寿命与交变应力中的最大应力有关,最大应力越大,N 越小。试样经历无限次循环而不发生破坏的最大应力称为材料的疲劳极限,一般用 σ_r,其中 r 为疲劳实验的循环特征值。测定疲劳极限的基本方法是通过疲劳实验测定 S-N 曲线,其中 S 可以是最大正应力、剪应力,也可以是应力幅。S-N 曲线(图4-21)因材料不同而不同,有的有水平段,如低碳钢试样一般经受 10^7 不破坏就认为经受无限次循环而不发生破坏;有的则没有,如某些合金钢和有色金属即使经受 10^7 不破坏,以后也可能发生疲劳破坏,这时一般规定经受 10^7 或 10^8 次循环对应的应力值为条件疲劳极限。

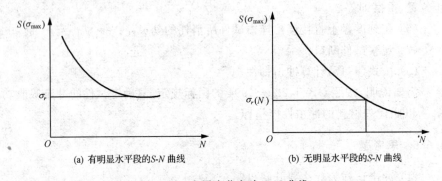

图 4-21　金属疲劳实验 S-N 曲线

疲劳实验的种类很多,如轴向疲劳、扭转疲劳、弯曲疲劳等,并且都有国家实验标准。对于不同材料,对称循环疲劳极限 σ_{-1} 为最低,用 σ_{-1} 做疲劳极限偏于安全,所以 S-N 曲线大多在对称弯曲条件下测定。本书主要介绍室温下用弯曲疲劳试验机测定 S-N 曲线的基本方法。

4.7.1　实验目的

(1) 了解疲劳实验方法和实验的主要设备。

(2) 学会 S-N 曲线测试方法。

(3) 分析断口形式,了解疲劳破坏机理。

4.7.2　设备仪器和试样

(1) 纯弯曲疲劳试验机。

(2) 游标卡尺、放大镜、扳手、千分表各 1 个。

(3) 砝码若干。

(4) 试件 1 组。

纯弯曲疲劳试验机的工作原理如图 4-22 所示,试样装在套筒内两个弹簧夹头下,砝码通过杠杆和套筒,将两个相等的力 F 加到试样上,使试样产生纯弯曲。当电机带动试样旋转时,试样表面各点都受到对称循环应力的作用,由材料力学知

$$\sigma_{max} = \frac{M_{max}}{W}$$

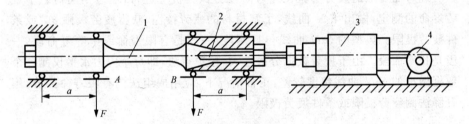

图 4-22　纯弯曲疲劳试验机工作原理

1-试样;2-心轴;3-电动机;4-计数器

因

$$M_{max} = \frac{1}{2}Fa$$

$$W = \frac{\pi d^3}{32}$$

得

$$\sigma_{max} = \frac{16Fa}{\pi d^3} \tag{4-18}$$

其中,d 为试样直径。

试样形式和尺寸随试验机型号不同和材料的强度高低而异。根据 GB/T 4337—1984《金属旋转弯曲疲劳试验方法》的规定,试样直径 d 可取 6.0mm、7.5mm、9.5mm,容许偏差 ±0.05mm;试样实际最小直径的测量精度不低于 0.01mm,测量直径时切勿损伤试样表面;试样的圆弧过渡必须仔细加工,不

能有任何刻痕或直径的明显变化;试样表面必须光洁、平滑,每组试样必须取自同一状态的毛坯等,疲劳实验的标准试样如图 4-23 所示。

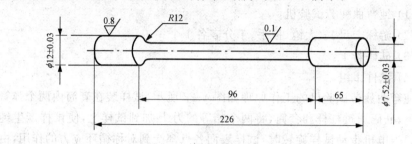

图 4-23　疲劳实验的标准试样

4.7.3　实验原理及方法

纯弯曲变形的疲劳实验在纯弯曲疲劳试验机上进行,通过不同荷载下疲劳寿命的测定,做出 S-N 曲线,了解材料的疲劳特性,获得疲劳极限 σ_{-1} 或条件疲劳极限。典型的 S-N 曲线包括两段:一段是有限寿命或中等寿命段,一段是长寿命段。由于疲劳数据分散性大,按单点法,即每个应力水平仅测一个数据做出的 S-N 曲线精度较差,正常情况下,应用成组法测有限寿命部分,用升降法测疲劳极限或条件疲劳极限。

1. 成组法测 S-N 曲线的有限寿命段

成组法就是在每级应力水平上,测 3～5 个试样数据,计算出中值(存活率为 50%)疲劳寿命,再将各级应力水平的疲劳寿命在 S-N 坐标上拟合成 S-N 曲线。应力水平一般取 4～5 级。测试中注意两点:

(1) 各级应力水平的确定。在 4～5 级应力水平中,第一级应力水平可取 $(0.6～0.7)R_m$,第二级应力水平比第一级减少 20～40N/mm²,以后各级应力水平依次减小。

(2) 每级应力水平的中值疲劳寿命 N_{50} 或 $\lg N_{50}$ 的计算。根据每级应力水平每组试样测得的疲劳寿命 N_i,按式(4-19)计算中值(存活率为 50%)疲劳寿命。

$$\lg N_{50} = (1/n) \sum_{i=1}^{n} \lg N_i \qquad (4\text{-}19)$$

取 $\lg N_{50}$ 的反对数,即得中值疲劳寿命。

$$N_{50} = \lg^{-1} N_{50} \qquad (4\text{-}20)$$

如果某级应力水平中出现大于规定寿命(如低碳钢规定 10^7)的情况,则该组试样的 N_{50} 不必按式(4-20)计算,而直接取这组疲劳寿命排列的中间值。对于奇数数据,直接取排列的中间值,对于偶数数据,取中间两个数据的平均值作中值。

2. 升降法测疲劳极限

升降法从略高于预计疲劳极限的应力水平开始,逐渐下降应力水平,分 3～5 个应力水平进行。升降法的步骤如图 4-24 所示。若规定疲劳寿命 $N_0=10^7$,规则是凡是前一个试样的寿命达不到 N_0 就断裂(用"×"表示),则后一个试样就在低一级应力水平下实验;相反,若前一个试样在 N_0 下未断(用"○"表示),后一个试样在高一级应力水平下实验,直到获得 13 个以上有效数据为止。处理数据时,出现第一对相反结果以前的数据均舍去,如图 4-24 中的"4"点是出现第一对相反结果的点,"1"点和"2"点就要舍去,余下的数据点为有效数据。这时的疲劳极限或条件疲劳极限按式(4-21)计算。

$$\sigma_{-1} = \frac{1}{m} \sum_{i=1}^{n} v_i \sigma_i \qquad (4\text{-}21)$$

其中,m 为有效实验总次数(断与未断均计算在内);n 为实验的应力水平数;v_i 为第 i 级应力水平 σ_i 下的实验次数。

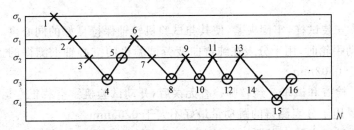

图 4-24 升降法步骤

升降法测疲劳极限注意以下两点:

(1) 第一应力水平略高于预估的疲劳极限。对于低碳钢,σ_{-1} 为 $(0.45\sim0.50)R_m$,因此可取 $\sigma_1=0.5R_m$。应力增量 $\Delta\sigma$ 一般取预计条件疲劳极限的 3%～5%,即对于钢材可取 $(0.015\sim0.025)R_m$。

(2) 升降图是否有效依据两个标准判定。一是有效数必须大于 13 个;二是"×"与"○"的比例大致各占一半。

3. S-N 曲线的绘制

将成组法测得的各级应力水平下的 N_{50} 或 $\lg N_{50}$ 数据点,标在 σ-N 或 σ-$\lg N$ 坐标图中,利用最小二乘方法可以得到 S-N 拟合曲线,如图 4-25 所示。

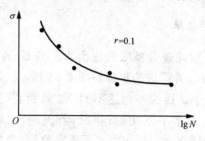

图 4-25　S-N 拟合曲线

4.7.4　实验步骤

(1) 测量试样尺寸,检查试样加工质量。如有锈蚀或擦伤,用细砂纸或纱布沿轴向抛光加以消除。

(2) 选取一根试样做静力拉伸实验,测定试样的强度极限 R_m。

(3) 确定加载方案。根据成组法或升降法的实验要求,确定加载应力分级水平。

(4) 安装试样,牢固夹紧,使其与试验机转轴保持良好的同心度。当用手慢慢转动手轮时,用千分表在纯弯曲疲劳试验机的空心轴上测得的上下跳动量不大于 0.02mm。

(5) 检查和试车。经教师检查无误后,开动试验机。空载正常运转时,在上述位置用千分表测得的跳动量最好不大于 0.06mm。

(6) 进行实验。根据加载方案确定荷载大小和相应的砝码重量。先开动机器,再迅速而无冲击地将砝码加到规定值。经历一定循环次数后试样断裂,试验机自动停止工作,记录下转速计的末读数。将转速计末读数减去初读数即为试样的疲劳寿命。然后进行下一个试样的实验,直至完成整个实验工作。

(7) 观察断口形貌,注意疲劳破坏的特征。

(8) 根据 4.6.3 节所述方法处理数据,计算疲劳极限,作 S-N 曲线。

由于疲劳实验所需时间很长,教学实验可以在统一安排下,让每个小组做一根试样的实验,最后汇总结果,一并进行数据处理。

4.7.5　思考题

(1) 何谓疲劳极限? 它和静载强度相比有何不同?

(2) 为什么少数几根试样不能确定材料的疲劳极限?

(3) 如何确定材料的疲劳极限? 如何绘制 S-N 曲线?

第 5 章　电测应力分析实验

5.1　概　　述

电测法是实验应力分析的基本方法，一般包括传感器、测量系统和显示器三部分。其基本原理，是通过固定在结构上的传感器，将结构的变形信号转变为电信号，经放大处理输入显示器，获得变形测量值，再由应力-应变关系换算成应力值，从而达到对构件进行实验应力分析的目的。传感器有电阻传感器、电感传感器、电容传感器等多种，其中应用最广泛和有效的是电阻传感器，即电阻应变片。

电测法具有许多突出的优点：①灵敏度高，可以测量小到 1μ（$1\mu=10^{-6}$）的微应变，大到 23％的大变形；②适应性强，采取一定措施，能在接近绝对零度的极低温度和高于 900℃的高温环境下工作，能在水中和核辐射环境下测量，能在转速为 10000r/min 的运动构件上取得信号；③精度高，静态测量误差达到 1％～3％，动态测量误差为 3％～5％；④由于输出信号为电信号，便于实现自动化和数字化，可进行远距离遥测；⑤频率响应好，可以测到从静态到数十万赫的应变；⑥可以制成各种高精度传感器，用于测量力、压强、扭矩、位移、转角、速度和加速度等多种力学量。

电测法的不足有：①只能测量构件表面有限点的应变，当测点较多时，准备工作量大；②一个应变片只能测得构件表面上某点一个方向的应变；③只能测得应变片栅长范围内的平均应变，对于应力集中和应变梯度很大的部位，会引起较大的误差。

本章简要介绍电阻应变测量的技术基础，然后介绍弹性模量测定，弯曲正应力、弯扭组合变形、偏心拉伸、压杆稳定等几个应用电测法的常规力学实验。有关的实验加载装置——材料力学综合设计试验台将在第 7 章介绍。

5.2　应变电测原理与技术

5.2.1　电阻应变片

　　电阻应变片是电阻应变测量的传感元件,其构造如图 5-1 所示。它由敏感原件、基底和引线组成。敏感原件是由高阻金属丝绕成的线栅,通过黏结剂黏合在两张纸片组成的基底中,线栅两端焊有引线,以便电路连接。用应变片测量应变时,要用强力黏结剂将应变片牢固地粘贴在构件上,让其随同构件一起变形。

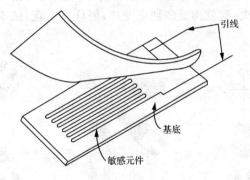

图 5-1　应变片的构造

　　当结构受力变形时,应变片的线栅因变形而发生横截面积的变化。设线栅长度为 L,电阻值为 R,横截面积 S,电阻率为 ρ,根据欧姆定律得

$$R = \rho \frac{L}{S}$$

理论分析与实验都可证明,在一定范围内,应变片线栅的阻值变化与其线应变成正比。

$$\frac{\Delta R}{R} = K\varepsilon \qquad (5\text{-}1)$$

其中,K 为应变片的灵敏系数,其物理意义是单位应变的电阻变化率,反映线栅丝材电阻应变效应的显著性。K 一般由制造厂商抽样测定,当实验精度要求较高时,也可用等强度梁或纯弯曲梁实验标定。

　　应变片根据线栅制作方式的不同,主要有丝式和箔式两种。前者由直径 $0.02\sim0.05\text{mm}$ 的康铜丝或镍铬丝绕成,后者由很薄的金属箔腐蚀而成,如图 5-2 所示。

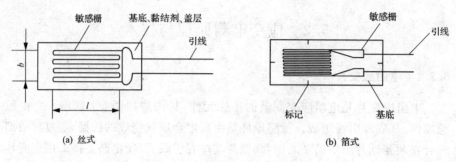

(a) 丝式 　　　　　　　　　　　　　　　　　　(b) 箔式

图 5-2　应变片的两种主要形式

　　若在同一基底上按一定角度布置几个敏感栅,可测量同一点沿几个敏感栅栅轴方向的应变,这就构成多轴应变片,俗称应变花,图 5-3 为常用的 3 种应变花。

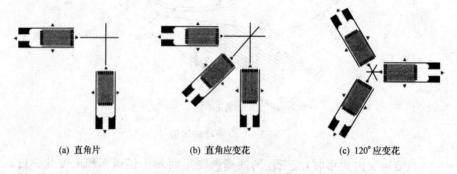

(a) 直角片　　　　　　　　　(b) 直角应变花　　　　　　　　(c) 120°应变花

图 5-3　三种应变花

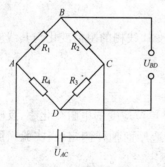

图 5-4　惠斯通电桥

　　普通应变片的长度指的是线栅长度,一般为 1~10mm,最小的可达 0.2mm。应变片的原始阻值为 60~1000Ω,一般为 120Ω。

5.2.2　应变测量电路

　　电阻应变测量的核心电路是惠斯通电桥,如图 5-4 所示。设 4 个桥臂的电阻分别为 R_1、R_2、R_3、R_4,在 A、C 间加输入电压 U_{AC},根据电路原理可得 B、D 之间的输出电压为

$$U_{BD} = U_{AC} \frac{R_1 R_3 - R_2 R_4}{(R_1 + R_2)(R_3 + R_4)} \qquad (5\text{-}2)$$

可见,当满足

$$R_1 R_3 = R_2 R_4 \qquad (5\text{-}3)$$

时,电桥输出电压为零,即电桥处于平衡状态。

对于一个处于平衡状态的惠斯通电桥,若 4 个桥臂电阻分别有微小的阻值变化 ΔR_1、ΔR_2、ΔR_3、ΔR_4,由式(5-2)得测量桥的输出电压为

$$U_{BD} = U_{AC} \frac{(R_1 + \Delta R_1)(R_3 + \Delta R_3) - (R_2 + \Delta R_2)(R_4 + \Delta R_4)}{(R_1 + \Delta R_1 + R_2 + \Delta R_2)(R_3 + \Delta R_3 + R_4 + \Delta R_4)}$$

将上式展开,略去 ΔR_i 的高次项和影响较小的非线性项,可得

$$U_{BD} = \frac{U_{AC}}{4}\left(\frac{\Delta R_1}{R_1} - \frac{\Delta R_2}{R_2} + \frac{\Delta R_3}{R_3} - \frac{\Delta R_4}{R_4}\right) \qquad (5\text{-}4)$$

式(5-4)代表电桥的输出电压与各桥臂电阻改变量的一般关系,称为电桥输出公式。若 4 个桥臂电阻分别为电阻应变片,根据式(5-1)得

$$U_{BD} = \frac{U_{AC}K}{4}(\varepsilon_1 - \varepsilon_2 + \varepsilon_3 - \varepsilon_4) \qquad (5\text{-}5)$$

其中,ε_1、ε_2、ε_3、ε_4 分别为四个应变片粘贴处构件的应变值。

5.2.3　温度补偿

粘贴在构件上的应变片对温度很敏感。这是因为温度会引起应变片电阻值的变化,同时,由于应变片敏感栅与被测构件材料线膨胀系数不同而使应变片产生附加应变。由于构件应变引起的应变片阻值变化很小,温度的不大变化就会引起较大的应变反映。严重时,每升高 1℃,会引起几十个微应变。因此必须采取措施,消除温度影响。

根据电桥的平衡条件,若让 R_3、R_4 为固定电阻,R_1、R_2 为两个同材料、同型号的应变片,如图 5-5 所示。其中 R_1 贴在构件上,R_2 贴在和构件同一温度场但不受力的相同材料上,通过应变仪调平,让电桥平衡。当温度变化时,由于在 R_1、R_2 中引起的阻值变化相同,$R_{1t} = R_{2t}$,若此时由于构件变形引起 R_1 的电阻变化为 ΔR_{1F},根据式(5-4),可得

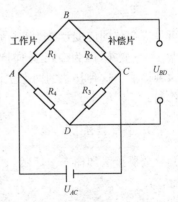

图 5-5　半桥单臂补偿电路

$$U_{BD} = \frac{U_{AC}}{4}\left(\frac{\Delta R_{1F} + \Delta R_{1t}}{R_1} - \frac{\Delta R_{2t}}{R_2}\right) = \frac{U_{AC}}{4}\frac{\Delta R_{1F}}{R_1} = \frac{U_{AC}K}{4}\varepsilon \qquad (5\text{-}6)$$

这就消除了温度影响。通常将 R_2 称为温度补偿片,R_1 称为工作片。但需注意,工作片和温度补偿片的电阻值、灵敏系数及电阻温度系数均应相同。

5.2.4　测量桥路接法

根据不同的测量要求,可以采取不同的桥路接法,但均需实现温度补偿,常见的桥路接法有以下三种。

1. 半桥单臂接法

如 5.2.3 节的温度补偿电路所述,让 R_3、R_4 为固定电阻,R_1 为工作片,R_2 为补偿片,即构成半桥单臂补偿电路(图 5-5),其输出电压如式(5-7)所示。这是最为常用的桥路接法,应变仪读数为工作片的实际应变。

2. 半桥双臂接法

如图 5-6 所示,让 R_1、R_2 都为工作片,R_3、R_4 为固定电阻。当构件受载变形后,由式(5-4),有

$$U_{BD} = \frac{U_{AC}}{4}\left(\frac{\Delta R_1}{R_1} - \frac{\Delta R_2}{R_2}\right) = \frac{U_{AC}K}{4}(\varepsilon_1 - \varepsilon_2) \qquad (5\text{-}7)$$

当 $\varepsilon_1 = -\varepsilon_2 = \varepsilon$ 时,有

$$U_{BD} = \frac{U_{AC}K}{4}2\varepsilon \qquad (5\text{-}8)$$

可见应变仪的应变读数为实际应变的 2 倍。在纯弯曲实验中,沿 $\pm 45°$ 方向粘贴 $45°$ 应变花,因为 $\pm 45°$ 方向产生的主应力大小相等、符号相反,就可以采用这种接法。这种接法的两个工作片互为温度补偿,且能起到放大测量倍数的作用。

3. 全桥接法

全桥接法如图 5-7 所示,4 个桥臂都为工作片。当 $\varepsilon_1 = -\varepsilon_2 = \varepsilon_3 = -\varepsilon_4 = \varepsilon$ 时,有

$$U_{BD} = \frac{U_{AC}K}{4}4\varepsilon \qquad (5\text{-}9)$$

即应变仪读数为实际应变的 4 倍。在纯弯曲实验中,若在 $\pm 45°$ 方向粘贴两个 $45°$ 应变花,这两个应变片的 $\pm 45°$ 应变测量就可接成这种电路,所以这也是一

种特殊情况下的特殊接法。

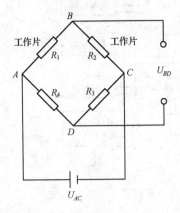
图 5-6　半桥双臂接法

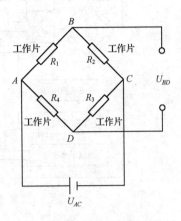
图 5-7　全桥接法

5.2.5　静态电阻应变仪

　　静态电阻应变仪是静力电测应力分析的专用测试仪器。其基本功能,是将应变片的应变信号转变为电信号,进行放大处理后,通过显示系统重新转变为应变信号,它的核心电路是惠斯通电桥。

　　静态电阻应变仪从最初的指针式应变仪、双桥零读数式应变仪和表头显示应变仪几个阶段,现在已经发展到具有微型计算机处理功能的第四代产品。其主要特征是采用嵌入式微处理技术,能自动完成应变仪的初始化设置和多点数据快速采集,并可以和普通台式或笔记本电脑连接,由计算机控制数据采集过程,通过专用软件处理数据。

　　不同厂家生产的应变仪,在电路设计、操作界面及产品外观上差异很大,但基本构成大致相同,一般包括测量电桥、放大器、A/D 转换、显示器及电源等几个主要部分,如图 5-8 所示。仅就使用来说,静态电阻应变仪有三个基本功能需要了解和把握。

　　(1) 灵敏系数设置。指根据电阻应变片的灵敏系数来调整应变仪灵敏系数的补偿电路,设定应变仪的灵敏系数,以保证应变仪的测量读数和真实应变相同。

　　(2) 为满足多点应变测量要求,静态电阻应变仪一般是多通道的,如 10通道、20 通道、40 通道、60 通道等。每个通道都有 A、B、C、D 四个接线端,以便通过外部线路连接成合适的桥路。测量时,通过通道切换电路分别将各测点的电阻应变片接入电桥。老式应变仪配置的预调平衡箱就是为满足这种多

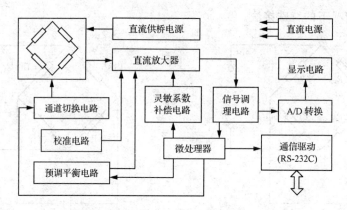

图 5-8　静态电阻应变仪电路原理框图

通道测量要求专门设计的,新式应变仪由于电路的高度集成和体积减小,信号放大、数据处理、应变显示与数据采集大多集中在一起,不再单独配置预调平衡箱。

(3) 调零。将各应变片按桥路设计接入应变仪后,要逐个调零,即通过调整电桥的平衡补偿电路抵消掉不平衡的输出电压,使初始应变读数为零。现在的数字式应变仪具有自动快速调平功能,轻轻一按即可调平。

应变仪的型号很多,更新换代很快,使用时要查阅有关使用说明。图 5-9是秦皇岛市协力科技开发有限公司生产的 XL2118E 型力/应变综合参数测试仪。这种应变仪是为配接各类材料力学多功能电测试验台而设计的,同时具有应变和荷载的测量功能。它采用最新的嵌入式 MCU 控制技术、显示技术、模拟数字滤波等先进技术,有 7 个显示屏,可以同时显示加载值和 6 个应变片的读数。测力电路与应变测量电路并行工作,互不影响。该应变仪具有 32 个

图 5-9　XL2118E 型力/应变综合参数测试仪

通道和过载自动报警功能,一旦加载超过设定值,应变仪就会报警提醒。如果没有测力要求,可以作为普通应变仪使用。它采用预读数法自动桥路平衡方法,调平范围宽,调平方便。

5.3　弹性模量和泊松比测定实验

弹性模量和泊松比是反映材料弹性阶段应力-应变关系的两个重要常数,其测定实验是工程力学的基本实验。就实验性质而言,这两个实验属于材料力学性质检测,弹性模量也完全可以在拉伸实验中通过安装引伸计而自动获得(4.1.3 节)。但一方面通过安装在拉伸试样上引伸计得的弹性模量不是很准;另一方面这种方法测不到泊松比,所以弹性模量和泊松比测定一般采用电测法。

5.3.1　实验目的

(1) 测定低碳钢材料的弹性模量 E 和泊松比 μ。
(2) 验证胡克定律。
(3) 了解静态应变仪的测量原理,掌握操作方法。

5.3.2　实验仪器设备和工具

(1) 材料力学综合设计试验台的拉伸装置。
(2) XL2118 系列力/应变综合参数测试仪或普通应变仪、测力显示器。
(3) 游标卡尺。

5.3.3　实验原理和方法

实验采用矩形截面板式拉伸试件,电阻应变片布片方式如图 5-10 所示。在试件中央截面上,沿前后两面的轴线方向分别对称地贴一对轴向应变片 R_1、R_1' 和一对横向应变片 R_2、R_2',以分别测量试件的轴向应变 ε 和横向应变 ε'。根据胡克定律,在弹性范围内有

$$\sigma = E\varepsilon \tag{5-10}$$

$$\mu = \left| \frac{\varepsilon'}{\varepsilon} \right| \tag{5-11}$$

又

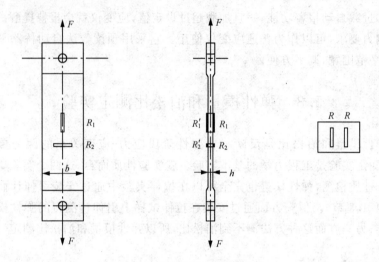

图 5-10　拉伸试件及布片图

$$\sigma = \frac{F}{S_0}$$

得

$$E = \frac{F}{S_0 \varepsilon} \qquad\qquad (5-12)$$

所以当已知试样所受的拉力 F 和横截面积 S_0 时,测得轴向应变 ε 和横向应变 ε',即可根据式(5-11)、式(5-12)求得弹性模量 E 和泊松比 μ。实际测量时,为了减少随机误差,采用增量法分级加载,每次增加相同的荷载 ΔF,测量增量应变 $\Delta\varepsilon$ 和 $\Delta\varepsilon'$,最后求出各增量荷载的平均增量应变 $\overline{\Delta\varepsilon}$ 和 $\overline{\Delta\varepsilon'}$。据此,式(5-11)和式(5-12)可修改为

$$\mu = \left| \frac{\overline{\Delta\varepsilon'}}{\overline{\Delta\varepsilon}} \right| \qquad\qquad (5-13)$$

$$E = \frac{\Delta F}{S_0 \overline{\Delta\varepsilon}} \qquad\qquad (5-14)$$

为了消除试件初弯曲、加载不均、应变片粘贴误差等因素的影响,这里在试件的两个侧面各贴了一个轴向和横向应变片。因此,增量应变 $\Delta\varepsilon$ 和 $\Delta\varepsilon'$ 实际上分别为两个轴向和横向增量应变的平均值。

应变片的桥路接法采用半桥单臂接法,如图 5-5 所示。

5.3.4　实验步骤

(1) 测量试件测试部位的截面尺寸。试验台附配的板式试件约宽

30mm，厚 5mm。

（2）调整好实验加载装置。

（3）按实验要求接好桥路及测力传感器，记录应变片的编号和对应的应变仪通道号，调整好仪器，检查整个测试系统是否处于正常工作状态。

（4）设计加载方案。按最大容许荷载 F_{max} 的 10％左右，选取适当的初荷载 F_0，再按 $4 \sim 6$ 级加载确定分级加载增量 ΔF。本实验的控制荷载为 5000N，初始荷载可选为 500N，分级加载增量也可定为 500N。

（5）缓慢循序加载。首先加到初始荷载，记下各点应变片的初始读数，然后分级加载，依次记录各测点电阻应变片的应变值，总共分级加载 $4 \sim 6$ 次。加载中注意控制荷载不要超过 5000N，并注意实验至少重复两次。

（6）卸掉荷载，关闭电源，整理好所用仪器设备，清理实验现场，将所用仪器设备复原，实验资料交指导教师检查签字验收。

5.3.5　数据处理

（1）计算试件的横截面积 S_0。

（2）整理分析应变记录数据，求出每级荷载下两对应变片的应变增量，算出平均值，最后算出纵向和横向应变增量的均值 $\Delta \varepsilon$ 和 $\Delta \varepsilon'$。

（3）利用式(5-13)、式(5-14)计算泊松比和弹性模量。

5.3.6　思考题

（1）在弹性模量和泊松比测定实验中为什么一般采用等值增量法加载？

（2）在弹性模量和泊松比测定实验中有没有可能出现偏心拉伸？如何避免？

5.4　梁的纯弯曲正应力实验

梁的弯曲正应力实验属于理论验证性实验，目的是通过测定梁的横截面正应力分布规律，对弯曲正应力理论有进一步的认识。所以，弯曲正应力实验不像材料力学性质检测那样有统一的国家标准，根据加载方式的不同，梁的材料、截面尺寸和形状多种多样，实验的精密和简易程度也有很大差别。根据约束形式的不同，有纯弯曲、悬臂梁、叠梁、楔块梁、夹层梁等多种弯曲正应力实验，它们的测试原理、实验方法基本相同，其中最为常见和重要的是纯弯曲实验，它是材料力学的基本实验之一。

5.4.1　实验目的

（1）测定纯弯曲梁横截面上正应力的大小和分布规律。
（2）验证纯弯曲梁的正应力计算公式。

5.4.2　实验仪器设备和工具

（1）材料力学综合设计试验台中纯弯曲梁实验装置。
（2）XL2118 系列力/应变综合参数测试仪，或者普通应变仪、测量显示器。

5.4.3　实验原理及方法

如图 5-11 所示矩形截面简支梁，在距离两支座距离为 a 的 C、D 处的纵向对称面上加一对相等的力 $F/2$，由内力分析知，该二力之间的梁截面上剪力为零，弯矩为常数，中性层弯曲成曲率半径相等的圆弧面，这种情况称为纯弯曲。在纯弯曲条件下，梁横截面上任一点正应力用式（5-15）计算。

$$\sigma = \frac{M}{I_z}y \qquad (5\text{-}15)$$

其中，M 为弯矩；I_z 为横截面对中性轴的惯性矩；y 为所求应力点至中性轴的距离。所以，已知作用于纯弯曲梁上的外力 F，梁的截面尺寸 b、h 和距离 a，可以计算出截面上任意一点的应力。

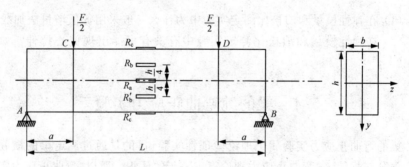

图 5-11　纯弯曲梁布片示意图

为了测量纯弯曲梁横截面上的正应力分布规律，在梁的上表面、下表面、中性层和距离中性层为 $\pm h/4$ 高度处，沿纵向布置 5 个应变片（图 5-11），加载后测量各应变片的应变值，再根据胡克定律计算相应的应力值。

实验加载装置如图 5-12 所示。纯弯曲梁架于支座 5 上,转动手轮 4,通过蜗轮蜗杆施力 F 于辅梁 1 的中点,再通过两个拉杆 3,将两个反力 $F/2$ 作用于梁上,使梁发生纯弯曲。梁的有关尺寸、材料常数和应变片的编号与坐标如表 5-1 所示。

与弹性模量、泊松比的测量方法相同,应变测量的桥路采用半桥单臂接法,加载和测量采用增量法。若每次加载增量为 ΔF,第 i 测点的第 j 次加载的应变增量为 $\Delta\varepsilon_{ij}$,根据各次观察结果计算出 i 测点的平均应变增量 $\Delta\bar{\varepsilon}_i$,便可由胡克定律

$$\Delta\sigma_i = E\Delta\bar{\varepsilon}_i \qquad (5-16)$$

求出各测点的应力增量。

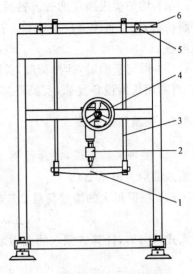

图 5-12　纯弯曲梁加载示意图
1-辅梁;2-传感器;3-拉杆;
4-手轮;5-支座;6-弯曲梁

表 5-1　纯弯曲梁的有关参数和布片方案

测点编号	测点坐标 y_i /mm	梁的尺寸和有关参数
1	-20	宽度 $b=20$mm;高度 $h=40$mm;跨度 $L=600$mm;载荷距离 $a=125$mm;弹性模量 $E=206$GPa;惯性矩 $I_z = bh^3/12 = 1.067 \times 10^{-7}$ m^4
2	-10	
3	0	
4	10	
5	20	

5.4.4　实验步骤

(1) 安装纯弯曲梁,根据试验台的标尺,调整两个辅梁拉杆 3 的刀架距离对称于中点。

(2) 接好应变片的桥路及测力传感器,调整好仪器与加载装置,检查整个测试系统是否处于正常工作状态。

(3) 按 5.3.4 节所述方法设计加载方案。本实验的初载和控制荷载与 5.3.4 节相同,即初载和增量荷载均可取 500N。

（4）均匀缓慢顺序加载。初载后记录应变片初读数，再逐级加载，每增加一级荷载，记下各测点应变读数。注意控制荷载不要超过 5000N，实验至少重复两遍。

（5）做完实验后，卸掉荷载，关闭电源，整理好所用仪器设备，清理实验现场，将所用仪器设备复原，实验资料交指导教师检查签字。

5.4.5　实验结果处理

（1）整理实验数据，计算各测点的平均应变增量 $\Delta\bar{\varepsilon_i}$，根据式(5-16)计算各测点的应力增量 $\Delta\sigma_i$。

（2）根据每次的增量荷载 ΔF 和距离 a 计算弯矩增量，即

$$\Delta M = \Delta F \cdot a/2 \qquad (5\text{-}17)$$

代入式(5-15)，计算各测点的应力增量的理论值，则有

$$\sigma_i' = \frac{\Delta M}{I_z}y_i \qquad (5\text{-}18)$$

（3）比较实验值 $\Delta\sigma_i$ 和理论值计算值 $\Delta\sigma_i'$ 的误差，分析原因。

5.4.6　思考题

（1）该实验的应变片可否采用半桥双臂接法？哪几个片可以这样接？这样接和半桥单臂接法相比有什么利弊？

（2）电阻应变片贴在梁的表面上，为什么把梁表面上的应变看做梁横截面上的应变？其依据是什么？

（3）弯曲正应力的大小是否受材料弹性模量的影响？

5.5　等强度梁实验

梁的强度主要由最大弯曲正应力决定。但在横力弯曲情况下，梁的截面弯矩不是常数，若按危险截面上的最大正应力进行梁的设计，意味着其他截面处的材料作用得不到充分发挥。因此提出了等强度梁的设计理论，等强度梁是工程中一种非常重要的梁。

5.5.1　实验目的

（1）了解等强度梁的设计思想，掌握等强度梁的弯曲正应力测定方法。
（2）练习应变测量电桥的不同接法，熟悉应变仪的使用。

5.5.2 实验仪器设备与工具

(1) 材料力学综合设计试验台中等强度梁实验装置与部件。

(2) XL2118 系列力/应变综合参数测试仪,或者普通应变仪、测力显示器。

(3) 游标卡尺、钢板尺。

5.5.3 实验原理与方法

等强度梁是指在横力弯曲情况下,不同截面上的最大正应力相等的弯曲梁。由材料力学计算公式,不同截面上的最大正应力为

$$\sigma_{\max}(x) = \frac{M(x)}{W_z} \tag{5-19}$$

若要求 $\sigma_{\max}(x)$ 为常数 σ_0,则要求抗弯截面模量 W_z 满足

$$W_z = \frac{M(x)}{\sigma_0} \tag{5-20}$$

即抗弯截面模量 W_z 应随横截面弯矩变化而变化。

由式(5-20)可知,等强度梁的截面设计不仅与梁上的荷载分布和约束有关,也与梁的截面形状选择和尺寸变化选取有关。这里介绍的是矩形截面悬臂梁,取高度 h 为常数,让宽度 b 发生变化。

如图 5-13 所示,距加载点距离 x 的截面弯矩为

$$M(x) = Fx \tag{5-21}$$

设矩形截面的高 h 为常数,宽为 $b(x)$,则

$$W_z(x) = \frac{b(x)h^2}{6} \tag{5-22}$$

将式(5-21)和式(5-22)代入式(5-20),得

$$b(x) = \frac{6F}{h^2\sigma_0}x = \frac{6}{h^2}kx \tag{5-23}$$

可见,矩形截面梁的宽度只要满足与 x 成正比的关系,就可获得等强度梁。不难理解,h 取定后,系数 k 的取值表示的是 σ_0 对外力 F 的反映程度。考虑到施加荷载的方便和截面抗剪要求,悬臂梁的端部要修整出一段等截面直梁。

本实验所用等强度梁的有关尺寸如下:梁的极限尺寸 $L=445\text{mm}$,$L_0=330\text{mm}$,$B=35\text{mm}$,$h=9\text{mm}$,弹性模量 $E=206\text{GPa}$。为了验证等强度梁理论,在该等强度梁工作段的两个截面的上下两侧布置两排应变片,每排两个应变片,如图 5-13 所示。两排应变片中线到自由端的距离为 L_1、L_2。

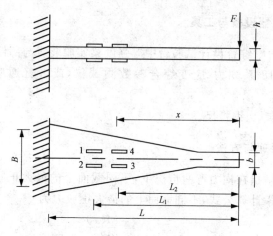

图 5-13　等强度梁与测试布片示意图

应变片的桥路接法可以采用半桥单臂接法,也可以采用半桥双臂接法,两种接法各有利弊。加载方式同样采用增量法。

5.5.4　实验步骤

(1)测量等强度梁两排应变片代表截面的尺寸和截面到自由端的距离 L_1、L_2。

(2)采用半桥单臂公共温度补偿法连接各应变片的桥路及测力传感器,记录应变片的编号对应的应变仪通道号,调好仪器,检查整个测试系统是否处于正常工作状态。

(3)拟订加载方案。根据等强度梁的最大容许荷载 F_{max} 估算,确定分级加载方案。建议从 50N 开始,每级加载 50N,共加 6 级。

(4)记录各点应变片的初读数,然后缓慢逐级加载,每增加一级荷载,依次记录各点应变仪的 ε_i,直至最终荷载,实验重复至少两遍。

(5)卸掉荷载,关闭仪器电源,将每一截面上下一对应变片作为 R_1、R_2 连接成半桥双臂电路,重复上述测量步骤。一般将受拉的应变片接在 R_1 上,这样读取的应变都为正值。

(6)实验结束后,清理实验现场,将所用仪器设备复原,实验资料交指导教师检查签字。

5.5.5　实验结果处理

对于半桥单臂接法:

（1）整理记录数据。求出每一级加载后各应变片的应变增量,取同一截面同侧两个应变片的增量应变平均值作为该截面该侧这一级加载的增量应变 $\Delta\varepsilon_i$,再根据各级增量应变结果,计算出该截面该侧的平均增量应变 $\Delta\bar{\varepsilon}$。

（2）根据胡克定律 $\Delta\sigma = E\Delta\bar{\varepsilon}$ 计算出两个截面上下两侧的截面应力增量。

（3）根据式(5-24)计算两个截面的理论应力增量值。

$$\sigma_0 = \frac{6Fx}{b(x)h^2} \qquad (5\text{-}24)$$

（4）比较理论值与实验值的误差,并作分析。

对于半桥双臂接法,数据处理步骤同前。需要注意的是,因为每一截面的上下两个应变片接成半桥双臂桥路,应变仪读数为两个应变片数值之和。因而,每级荷载只能获得 4 个应变增量数据,每个应变增量除以 2,得到拉压两侧应变增量数值的平均值。相应的,计算的每一截面的应力增量也只是拉压两侧应力增量数值的平均值。

5.5.6　思考题

（1）等强度梁的设计依据是什么,对如图 5-13 所示的等强度梁,若改变尺寸 B,在同样的荷载 F 作用下,将改变什么? 会不会改变梁的等强度性?

（2）按照实际量测的尺寸,用理论计算的两个布片截面上的最大拉或压应力是否相等? 为什么?

5.6　薄壁圆筒的弯扭组合变形实验

工程实际中的杆件变形很多情况下包括两种或两种以上的基本变形,这就是组合变形。组合变形下的应力状态若非单向应力,简单变形下的强度计算公式不再适合,需要求出主应力后,根据强度理论进行计算。弯扭组合变形是典型的组合变形问题,实验的主要目的是掌握组合变形的主应力分析方法。

5.6.1　实验目的

（1）学会使用电阻应变花测定平面应力状态下主应力的大小及方向。

（2）掌握弯扭组合变形下薄壁圆筒表面上一点主应力大小和方向的电测方法,并和理论结果比较。

（3）进一步熟悉应变仪的使用和桥路接法。

5.6.2　实验仪器设备和工具

（1）材料力学综合设计试验台中的弯扭组合实验装置。

（2）XL2118 系列力/应变综合参数测试仪，或者普通应变仪、测力显示器。

（3）游标卡尺、钢板尺。

5.6.3　实验原理和方法

薄壁圆筒的弯扭组合变形装置如图 5-14 所示。由受力分析知，在圆筒的 Ⅰ-Ⅰ 截面上有弯矩 M 和扭矩 T，它们在截面上分别引起弯曲正应力和扭转剪应力。其中在截面的 b、d 两点弯曲正应力和扭矩剪应力最大，分别用 σ_x 和 τ 表示，则

$$\sigma_x = \frac{M}{W_z} \tag{5-25}$$

$$\tau = \frac{T}{W_\mathrm{T}} \tag{5-26}$$

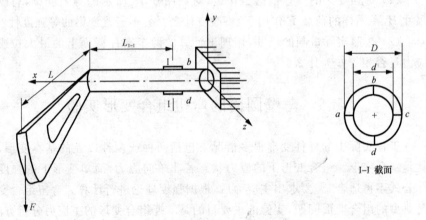

图 5-14　薄壁筒弯扭组合变形示意图

其中

$$M = FL_{\,\mathrm{I\text{-}I}}$$

$$T = FL$$

$$W_z = \frac{\pi D^3}{32} \times \left[1 - \left(\frac{d}{D} \right)^4 \right]$$

$$W_{\mathrm{T}} = \frac{\pi D^3}{16} \times \left[1 - \left(\frac{d}{D} \right)^4 \right]$$

由二向应力状态分析可得到主应力及其方向。

$$\left. \begin{array}{c} \sigma_1 \\ \sigma_3 \end{array} \right\} = \frac{\sigma_x}{2} \pm \sqrt{\left(\frac{\sigma_x}{2} \right)^2 + \tau^2} \qquad (5\text{-}27)$$

$$\tan 2\alpha_0 = \frac{-2\tau}{\sigma_x} \qquad (5\text{-}28)$$

若令 σ_1 的主方向为 α_1，当 $\sigma_x > 0$ 时，$|\alpha_1| < 45°$；当 $\sigma_x < 0$ 时，$|\alpha_1| > 45°$。

在 Ⅰ-Ⅰ 截面 b、d 两点的外表面上沿轴向对称的贴两个 45°直角应变花，如图 5-15 所示，应变花上三个应变片的 α 分别为 45°、0°和 −45°，根据平面应变分析和平面应力的胡克定律，可得两个主应力

$$\left. \begin{array}{c} \sigma_1 \\ \sigma_3 \end{array} \right\} = \frac{E(\varepsilon_{45°} + \varepsilon_{-45°})}{2(1-\mu)} \pm \frac{\sqrt{2}E}{2(1+\mu)} \sqrt{(\varepsilon_{45°} - \varepsilon_{0°})^2 + (\varepsilon_{-45°} - \varepsilon_{0°})^2}$$

$$(5\text{-}29)$$

主方向

$$\tan 2\alpha_0 = \frac{\varepsilon_{45°} - \varepsilon_{-45°}}{2\varepsilon_{0°} - \varepsilon_{-45°} - \varepsilon_{45°}} \qquad (5\text{-}30)$$

两个主方向的具体指向可根据前述方法确定。

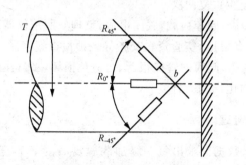

图 5-15　应变花的粘贴位置

对于测量桥路接法，可以采用公共补偿半桥单臂接法。因为扭转剪应力不引起线应变，横截面上 b、d 两点的 $\varepsilon_{0°}$ 完全由正应力引起，理论上大小相等方向相反；在 ±45°方向的两个应变片的线应变，则由弯曲正应力和扭转剪应力共同引起。分析可知，b 点的 $\varepsilon_{45°}$ 和 d 点的 $\varepsilon_{-45°}$ 理论上大小相等方向相反，而 b 点的 $\varepsilon_{-45°}$ 和 d 点的 $\varepsilon_{45°}$ 理论上大小相等方向相反，因此两个应变花可以接成温度互为补偿的半桥双臂电桥。

5.6.4　实验步骤

（1）测量试件截面、力臂长度等尺寸，确定试件有关参数。表 5-2 是有关
参考值。

表 5-2　薄壁筒弯扭组合变形测量有关数据

计算长度　$L_{I-I} = 240$mm	弹性模量 $E = 206$GPa
外径　$D = 40$mm	泊松比 $\mu = 0.26$
内径　$d = 32$mm	
扇臂长度　$L = 250$mm	

（2）将薄壁圆筒上的各应变片按设计的桥路要求接到仪器上，接好测力
传感器。调整好仪器，检查整个测试系统是否处于正常工作状态。

（3）拟订加载方案。按最大容许荷载 F_{max} 的 10% 左右，先选取适当的初
荷载 F_0，再按 4～6 级加载确定分级加载增量 ΔF。本实验取 $F_{max} \leqslant 700$N。

（4）根据加载方案，调整好实验加载装置。

（5）加载。均匀缓慢加载至初荷载 F_0，记下各点应变的初始读数；然后
分级等增量加载。每增加一级荷载，依次记录各点电阻应变片的应变值，直到
最终荷载。实验至少重复两次。

（6）做完实验后，卸掉荷载，关闭电源，整理好所用仪器设备，清理实验现
场，将所用仪器设备复原，实验资料交指导教师检查签字。

（7）实验装置中，圆筒的管壁很薄，为避免损坏装置，注意切勿超载，不能
用力扳动圆筒的自由端和力臂。

5.6.5　实验结果处理

（1）整理记录数据。求出每一级加载后 $\varepsilon_{0°}$、$\varepsilon_{45°}$、$\varepsilon_{-45°}$ 三个方向各应变片
的应变增量，最后求出它们的平均应变增量 $\Delta\bar{\varepsilon}_{0°}$、$\Delta\bar{\varepsilon}_{45°}$、$\Delta\bar{\varepsilon}_{-45°}$。

（2）将 $\Delta\bar{\varepsilon}_{0°}$、$\Delta\bar{\varepsilon}_{45°}$、$\Delta\bar{\varepsilon}_{-45°}$ 代入式（5-29）、式（5-30），求出主应力增量 $\Delta\sigma_1$、
$\Delta\sigma_3$ 和主方向 α_0、$\alpha_0 \pm \dfrac{\pi}{2}$。

（3）根据增量荷载 ΔF 引起的增量弯矩 ΔM 和增量扭矩 ΔT，由式（5-27）
计算 $\Delta\sigma_1$、$\Delta\sigma_3$ 的理论值及主方向 α_1。

（4）以理论计算的 α_1 为参照，确定实际测量的主方向。

（5）分析比较理论计算与实际测量的误差及原因。

5.6.6   思考题

(1) 电测法测主应力时,应变花可否沿测点的任意方向布置? 为什么?

(2) 若将应变片布置在中性层的 a、c 两点(图 5-14),主应力值将发生怎样变化? 这时怎样布置应变片更合适? 测到的是哪种应力?

5.7   偏心拉伸实验

偏心拉伸或压缩在土建和桥梁结构中是很常见的组合变形形式,应用十分广泛。特别是目前大量采用的角钢、槽钢、H 型钢等薄壁构件,很多情况下承受的是偏心拉伸或偏心压缩荷载。尽管薄壁构件的截面形状多样,也有偏心拉伸和偏心压缩之分,但分析方法是一样的。这里介绍的偏心拉伸实验是比较典型和简单的形式。

5.7.1   实验目的

(1) 测定偏心拉伸的最大正应力,验证叠加原理的正确性。

(2) 测定偏心力和偏心距。

(3) 掌握偏心拉伸的组合变形分析方法。

5.7.2   实验仪器设备和工具

(1) 材料力学综合设计试验台中拉伸部件。

(2) XL2118 系列力/应变综合参数测试仪,或者普通应变仪、测力显示器。

(3) 游标卡尺、钢板尺。

5.7.3   实验原理和方法

如图 5-16 所示偏心拉伸试件,受力 F,偏心距为 e,在 a、b 两侧,各沿纵向布置一个应变片 R_a、R_b。由组合变形的分析方法知,该问题相当于在轴向拉力 F 和弯矩 $M = Fe$ 共同作用下的问题,根据叠加原理,a、b 两侧的横截面应力为 F 引起的拉伸应力和 M 引起的弯曲正应力的代数和,且都为单向应力状态。故

$$\sigma_a = E\varepsilon_a = \frac{F}{S_0} + \frac{Fe}{W_z} \tag{5-31}$$

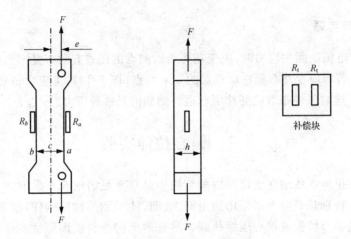

图 5-16　偏心拉伸问题与布片

$$\sigma_b = E\varepsilon_b = \frac{F}{S_0} - \frac{Fe}{W_z} \tag{5-32}$$

其中，S_0 和 W_z 分别为试件横截面的面积和抗弯截面模量。式(5-31)和式(5-32)相加,有

$$E(\varepsilon_a + \varepsilon_b) = \frac{2F}{S_0}$$

相减,有

$$E(\varepsilon_a - \varepsilon_b) = \frac{2Fe}{W_z}$$

于是,由 a、b 两侧的线应变可求得偏心力 F 和偏心距 e。

$$F = \frac{1}{2}S_0 E(\varepsilon_a + \varepsilon_b) \tag{5-33}$$

$$e = \frac{1}{2F}W_z E(\varepsilon_a - \varepsilon_b) \tag{5-34}$$

　　因此,只要测得 a、b 两侧的线应变,已知弹性模量 E,即可求得截面的最大拉应力、偏心力和偏心距。测量电桥可以采用公共补偿的半桥单臂接法,也可采用更为简捷的办法,直接测出 $(\varepsilon_a + \varepsilon_b)$ 和 $(\varepsilon_a - \varepsilon_b)$。本实验的弹性模量 $E=206$ GPa,偏心距 $e=10$mm。

　　由式(5-5)知,当 4 个桥臂都为应变片时,输出应变的规律是对臂相加、邻臂相减。所以,若将 R_a、R_b 分别接在桥臂的 A、B 和 C、D 两端,则应变仪的读数为 $(\varepsilon_a + \varepsilon_b)$。但需注意 B、C 和 A、D 两端必须接补偿片。如果将 R_a、R_b 分

别接在 A、B 和 B、C 两端,则应变仪读数为($\varepsilon_a - \varepsilon_b$),不必再接温度补偿片,如图 5-17(a)、图 5-17(b)所示。

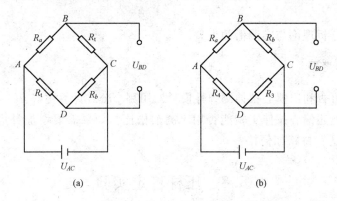

图 5-17 对臂测量电桥与半桥测量电桥

5.7.4 实验步骤

(1) 测量试件尺寸。在 a、b 贴片的截面处,测量试件尺寸。

(2) 拟订加载方案。按最大容许荷载 F_{max} 的 10% 左右,先选取适当的初荷载 F_0,再按 4~6 级加载确定分级加载增量 ΔF。本实验取 $F_{max} \leqslant 5000N$。

(3) 调整夹具,安装好试件。

(4) 设计好桥路接法,接好应变片连线和荷载传感器,调整好仪器,检查整个测试系统是否处于正常工作状态。

(5) 加载。均匀缓慢加载至初荷载 F_0,记下各点应变的初始读数;然后分级等加载,每增加一级荷载,依次记录应变值增量,直到最终荷载。实验至少重复两次。

(6) 卸掉荷载,关闭电源,整理好所用仪器设备,清理实验现场,将所用仪器设备复原,实验资料交指导教师检查签字。

5.7.5 实验结果处理

(1) 整理记录数据。求出各级荷载下各应变片(单点测量)或应变仪读数(对臂或半桥邻臂)的增量,最后求出它们的增量平均值。

(2) 计算测量截面的横截面积和截面抗弯模量,根据增量荷载,利用式(5-31)、式(5-32)求出截面上 a、b 两侧最大和最小正应力增量的理论值。

(3) 根据测量的应变增量均值,利用式(5-31)、式(5-32)求出截面上 a、b

两侧最大和最小正应力增量的实测值。

(4) 根据测量的应变增量均值,利用式(5-33)、式(5-34)求出偏心力 F 和偏心距 e。

(5) 分析理论与实测值的误差。

5.7.6　思考题

(1) 可否利用偏心拉伸测弹性模量?用哪个公式计算更好?

(2) 上述偏心拉伸实验能否用于测泊松比?如果需要增加补应变片,怎样布置合适?桥路如何接?

5.8　压杆稳定实验

与拉伸情况不同,受压构件常常在远小于其强度的压应力作用下发生失效或破坏,这就是压杆的失稳问题。随着高强材料的不断出现和大量采用,构件的截面尺寸可以大幅减小,因受压构件失稳导致结构破坏的问题越来越突出。这里主要介绍两端铰支压杆临界力的测试实验。

5.8.1　实验目的

(1) 用电测法测定两端铰支压杆的临界载荷 F_{cr},并与理论值进行比较,验证欧拉公式。

(2) 观察两端铰支压杆失稳的现象,对实际压杆失稳有一定认识。

5.8.2　实验仪器设备和工具

(1) 材料力学综合设计试验台中的压杆稳定实验部件。

(2) XL2118 系列力/应变综合参数测试仪,或者普通应变仪、测力显示器。

(3) 游标卡尺、钢板尺。

5.8.3　实验原理和方法

对于如图 5-18 所示的两端铰支的细长中心受压直杆,根据压杆稳定理论,可用欧拉公式计算临界力。

$$F_{cr} = \frac{\pi^2 E I_z}{L^2} \tag{5-35}$$

其中，I_z 为压杆横截面的惯性矩，$I_z = bh^2/12$；L 为压杆的计算长度。当压杆受力 $F < F_{cr}$ 时，压杆保持直线平衡状态，即受到横向干扰力时发生弯曲变形，干扰力去掉后能再恢复到直线平衡状态。当 $F = F_{cr}$ 时处于临界平衡状态，在干扰力作用下发生的变形，即便去掉干扰力，弯曲变形也不能自动恢复。这两个状态的荷载-挠度曲线可用图 5-19 中的 OA 和 AB 两段线段表示。

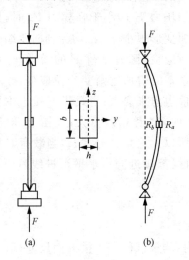 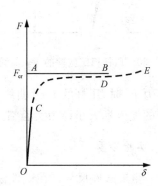

图 5-18　两端铰支压杆的实验模型　　　　　图 5-19　压杆稳定实验的 F-δ 曲线

　　实际压杆由于初弯曲、压力偏心、材料不均等因素影响，即使荷载远小于临界力，压杆也有挠度，并且其最大挠度 δ 随 F 增加而增加。但当 F 接近临界力 F_{cr} 时，δ 会突然大幅增加，如图 5-19 的 OCD 所示。曲线 OCD 偏离理论曲线的程度，反映了压杆初弯曲、偏心及材料不均等因素影响的程度，这种影响越大，偏离越大。

　　工程上的压杆大多在小挠度条件下工作，过大的挠度会产生塑性变形或断裂，只有部分材料制成的压杆能承受较大的挠度使荷载稍高于 F_{cr}，如图 5-19 中的 $OCDE$ 曲线。

　　压杆稳定实验既可采用荷载-位移法，也可采用荷载-应变法。前者观察压杆中点的挠度 δ 随压力 F 的变化，后者观察压杆中点两侧应变随 F 的变化。这里介绍后一种方法。

　　实验采用材料力学综合设计试验台的压杆稳定实验附件。该装置上、下支座为 V 形槽口，将带有圆弧尖端的压杆装入支座中（图 5-18(a)），在外力的作用下，通过能上下活动的上支座对压杆施加荷载。压杆变形时，两端能自由

地绕 V 形槽口转动,这就相当于两端铰支的情况。在压杆中央两侧各贴一枚
应变片 R_a 和 R_b,如图 5-18(b)所示。假设压杆受力后向右弯曲,用 ε_a、ε_b 分别
表示应变片 R_a 和 R_b 的应变值,可知,ε_a 是由轴向压应变与弯曲产生的拉应

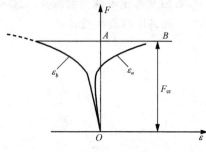

变的代数和,ε_b 则是由轴向压应变与弯
曲产生的压应变的代数和。

　　当压力 F 远小于临界力 F_{cr} 时,压
杆弯曲变形很小,ε_a、ε_b 均为轴向压缩引
起的压应变;随着载荷 F 的增大,ε_a 由
于挠度 δ 的增加逐渐变为拉应变,ε_a、ε_b
的差值也愈来愈大;当载荷 F 接近临界
力 F_{cr} 时,二者相差更大,如图 5-20 所
示。所以无论是 ε_a 还是 ε_b,当载荷 F 接

图 5-20　压杆稳定实验的 F-ε 曲线

近临界力 F_{cr} 时,压杆的 F-ε_a 曲线和 F-ε_b 曲线都接近同一水平渐进线 AB,A
点对应的横坐标大小即为实验临界压力值。

5.8.4　实验步骤

　　(1) 测量试件尺寸。在试件标距范围内,测量试件三个横截面尺寸,取三
处横截面的宽度 b 和厚度 h 的平均值,用于计算横截面的最小惯性距 I_z。

　　(2) 拟订加载方案。加载前用欧拉公式求出压杆临界压力 F_{cr} 的理论值,
在预估临界力值的 80% 以内,可采取大等级加载,进行荷载控制。例如,可以
分成 4~5 级,荷载每增加一个 ΔF,记录相应的应变值一次。超过此范围后,
当接近失稳时,变形量快速增加,此时荷载量应取小些,或者改为变形量控制
加载,即变形每增加一定数量读取相应的荷载,直到 ΔF 的变化很小,出现四
组相同的荷载或渐进线的趋势已经明显为止。此时可认为此荷载值为所需的
临界荷载值。

　　(3) 根据加载方案,调整好实验加载装置。

　　(4) 设计桥路接法,按要求接好线,调整好仪器,检查整个测试系统是否
处于正常工作状态。

　　(5) 分两个阶段加载。在达到理论临界荷载 F_{cr} 的 80% 之前,由荷载控制
均匀缓慢加载,若采用半桥单臂单点测量桥路,每增加一级荷载,记录两点应
变值 ε_a、ε_b;超过理论临界荷载 F_{cr} 的 80% 之后,由变形控制,每增加一定的应
变量读取相应的荷载值。当试件的弯曲变形明显时即可停止加载,卸掉荷载。
实验至少重复两次。

（6）做完实验后,逐级卸掉荷载,仔细观察试件的变化,直到试件回弹至初始状态。关闭电源,整理好所用仪器设备,清理实验现场,将所用仪器设备复原,实验资料交指导教师检查签字。

5.8.5　实验结果处理

（1）根据测量结果,由式(5-35)计算压杆的临界力 F_{cr}。

（2）根据实验观察结果,用方格纸绘出 $F\text{-}\varepsilon_a$ 曲线和 $F\text{-}\varepsilon_b$ 曲线,以确定实测临界力 F'_{cr}。

（3）比较临界力的理论值 F_{cr} 与实测值 F'_{cr} 的差异,分析原因。

5.8.6　思考题

（1）实际压杆的失稳与理论压杆失稳有何不同? 如何判断实际压杆的失稳?

（2）可否将 R_a 和 R_b 两个应变片接成互为补偿的半桥双臂测量桥路进行临界力的测量实验? 此时应变仪读数的意义是什么?

第6章　光测力学实验

6.1　光测力学的发展

　　用光学方法测量试件或结构各点的应力、应变、位移等是实验力学的一个重要分支。由测量结果可对结构设计进行合理的修改，使其所用材料更少，强度、刚度更高。

　　实验力学中的光学方法主要有光弹性法、云纹法、全息干涉法、焦散线法、散斑法、衍射光波法等十余种，每种方法各有其应用。在实验力学的发展史上，光弹性以其获得清晰的全场条纹，给出应力分布，成为一项令人瞩目的成就。光弹性作为一种模拟实验，在解决二维问题方面，被选为决定性实验；三维光弹性的冻结切片法，作为唯一可以探求内部应力分布的手段，成为一些工程设计的依据。直至激光全息问世，光弹性几乎是获得力学全场信息的最重要的光测手段。

　　自从1960年第一个激光器出现，1964年激光全息照相引起轰动，接着激光全息干涉术以其高灵敏度、高清晰度的条纹，给出物体变形和稳态振动的振型，把光测实验力学的发展推向了高潮，开始了一个现代光测力学的辉煌时期。它的辉煌一方面表现在被广泛应用到众多的工业领域和研究领域，取得了前所未有的信息，发挥了令人惊叹的作用；另一方面还表现在以激光为光源，发展了一系列的光测技术，把其他领域的高新技术成果加以利用和发扬，使现代光测方法更加丰富多彩。激光的出现，更重要的是发展起来一种云纹干涉法，它显示的变形条纹完全是因为相干光的干涉而形成的。条纹质量及灵敏度之高，引起人们的极大兴趣。

　　现代光测力学从光学全场条纹的分析，对图像处理提出了新的需求，把纯粹的光测发展成光-电-图像处理结合的测量技术。现代光测在自动化程度、精确度、实时性等诸多方面都有所突破，把"合者寡"的现代光测技术，发展成为可被大众应用于广大领域的有力工具。由于技术的高度发展，实验力学的内容早已远远超出"应力分析"的范围，在基础研究和工程应用两个方面都发挥了重要的作用。

　　在传统的光学测量中，大都以条纹图形式给出全场测量结果。要对这些条纹图进行定量分析，一般是根据光学和力学知识，判断条纹级数并确定条纹级数所对应的物理量。后者有对应的公式可循，前者则需要知识和经验来判断。现代光测力学测量技术由于其测量的高分辨率、全场性和非接触式等突出优点而得到科技人员的关注和应用，成为现代实验力学的重要部分。尤其是近 20 年来，随着计算机技术的发展和数字图像处理技术的发展，光测力学技术得以迅猛发展。光测数字图像处理技术不但已取代了传统的手工处理干涉条纹图的方法，使得处理精度高、自动化程度高，而且得到许多传统方法无法得到的测量量，甚至形成了独立的新测量方法，如电子散斑干涉技术和相移法技术。可以说光测力学测量法与数字图像处理技术结合后，光测力学的实用价值和应用前景有了质的飞跃。光测数字图像处理技术已形成了实验力学中的一个重要的、相对独立的分支。国内已有许多研究者从事这方面的研究工作，并取得较好的成果。

光测方法可用的光源相当广泛，激光常被首选，半导体激光器因其体积小而被广泛应用。白光也是很重要的光源。射线的穿透力在获得内部信息方面有特殊贡献。新技术的各种成就，很快被光测实验力学界吸收和发展，使之在实验力学中发挥作用，如全息、CT、形貌测量和各种电镜等，又如 CCD 摄像机、图像处理板以及高灵敏度固体器件等，已被实验力学大量采用。这些新技术方面的成就，把光测实验力学推向了一个新的高度。

回顾光测力学的现代发展，从技术手段方面，借助于数字图像处理系统来获得和分析全场信息，已经是成熟的技术。今后在软件方面的丰富和提高，将为实验力学提供更多更快的信息，成为强有力的工具。光测力学的各种技术，其测量灵敏度覆盖很宽的范围，空间分辨率可以达到很高的程度，可以针对各种不同的器件和工况进行非接触式的高精度测量，二维或三维，表面或内部。光测实验力学已深入到各种领域中发挥作用。在细观力学、生物力学、微重力空间物理、材料科学等基础研究方面都发挥了重要的作用。在新技术领域，关于微电子、微机械、极低温度下的材料等的研究，光测实验力学在其中有许多优势的研究工作。在工业应用方面，大坝、大桥、核电站、超高建筑等，光测实验力学可以发挥其独特的作用，为安全运行服务。

6.2　光弹实验原理

光弹性是光测力学中比较古老的方法，至今已有一百多年的历史。它采用具有双折射性能的透明材料，制成与零件形状相似的模型，使模型受力与零件受力情况相似。将受力模型置于偏振光场中,可以获得干涉条纹图,这些条纹图就指示了模型边界和内部各点的应力情况。根据光弹原理可算出模型各点的应力大小和方向,再通过相似理论可以换算出实际零件的应力分布。光弹法的特点是方法直观,可以直接显示应力集中区域,并准确给出应力集中部位和量值。配合三维冻结切片法,还可获得结构内部的应力分布情况。

20 世纪 60 年代激光的出现,提供了一种相干性特别好的光源,将这一光源引入到光弹性中出现了全息光弹性。这一方法可以获得等和线 ($\sigma_1 + \sigma_2$),从而弥补了传统光弹只能获得等差线 ($\sigma_1 - \sigma_2$) 的不足,使全场应力和接触应力的直接测量成为可能。现在,应用计算机图像处理技术,可省去全息光弹方法的显影和定影,直接在计算机上显示结果。

6.2.1　光学基本知识

按照麦克斯韦的理论,光波亦称光,是一种电磁波,因此它是横波,即光的振动方向与它的传播方向垂直。光的传播方向亦称波线或射线。如果把光的传播方向取为 x,振动方向取为 u,则光波在某一时刻 t 的振动量可用波动方程表示为

$$u = a\sin(\omega t + \phi_0) \tag{6-1}$$

其中,a 为振幅;ω 称为圆频率;ϕ_0 称为初相位。

我们日常所见光源,如太阳和白炽灯发出的光波由无数互不相干的光波组成,在与其传播方向垂直的任何平面内都有光波的振动,并且没有一个方向较其他方向占优,即在所有可能的方向上振幅相同,这种光称为自然光。如果通过某种器件的反射、折射或吸收,让自然光仅保留某一平面内振动的分量,这种光被称为平面偏振光(图 6-1)。

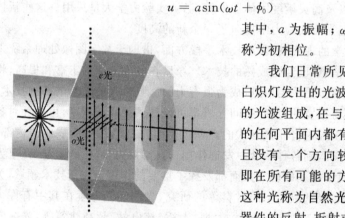

图 6-1　平面偏振光的产生

平面偏振光的产生基于光学各向异性材料具有的双折射现象。当光线入射到各向异性晶体如方解石、云母等晶体表面上时,会分解为两束传播速度不同的折射光,其中一束遵守折射定律,称为寻常光或 o 光,一束不遵守折射定律,称为非寻常光或 e 光,如图 6-2 所示,这种现象被称为双折射。o 光和 e 光

可认为是在互相垂直平面内振动的
平面偏振光。这种双折射晶体有一
被称为光轴的特定方向,光沿该方向
入射不发生双折射现象。若晶体的
界面与光轴平行,当光垂直入射到该
面上时,o 光和 e 光的行进路径也重
合,不过 o 光的振动方向与光轴垂
直,而 e 光的振动方向则沿着光轴。
当光线穿过具有双折射性质的二色
性晶体时,若 o 光被强烈吸收,只有 e
光从晶体射出,就得到平面偏振光。

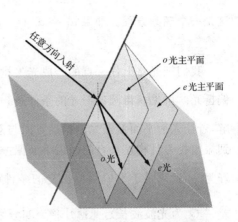

图 6-2　各向异性材料产生的双折射

　　天然的各向异性晶体产生双折
射是其固有特性,因而称为永久双折射。有些各向同性的透明晶体材料,如环
氧树脂、玻璃、聚碳酸酯等在自然状态不会产
生双折射,但当受力时产生双折射,而且光轴
方向与主应力方向重合。当一束光线垂直入
射到受力的这种材料平面模型上时,光将沿
主应力 σ_1、σ_2 方向分解成两束平面偏振光,且
传播速度不同(图 6-3)。荷载卸去后,双折射
现象又消失,这种现象被称为暂时或人工双
折射。

　　如果从双折射晶体上,平行于其光轴切
出一个薄片,将一束平面偏振光垂直入射到
这一薄片上,光波即被分解为两束振动方向

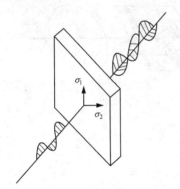

图 6-3　暂时双折射

垂直的平面偏振光,其中一束比另一束较快的射出薄片,所以两束光通过薄片
后将产生一个相位差 ϕ。设两束平面偏振光的方程为

$$u_1 = a_1 \sin(\omega t) \tag{6-2}$$

$$u_2 = a_2 \sin(\omega t + \phi) \tag{6-3}$$

消去式(6-2)和式(6-3)中的时间 t,即得光路上一点合成光矢量末端的运动轨
迹方程为

$$\frac{u_1^2}{a_1^2} + \frac{u_2^2}{a_2^2} - 2\frac{u_1 u_2}{a_1 a_2}\cos\phi = \sin^2\phi \tag{6-4}$$

这是一个椭圆方程。如果 $a_1 = a_2 = a, \phi = \pm \dfrac{\pi}{2}$，则式(6-4)变为圆的方程

$$u_1^2 + u_2^2 = a^2 \qquad\qquad (6\text{-}5)$$

　　我们把光路上任一点的合成光矢量末端轨迹符合此方程的偏振光称为圆偏振光。可见获得圆偏振光的条件是频率相同；振幅相同；相位差 $\dfrac{\pi}{2}$。不难理解，若让入射平面偏振光的振动方向与双折射晶体薄片的光轴成 45°，则可得到振幅相等且相互垂直的两束平面偏振光；再适当选取薄片厚度，让相位差刚好为 $\dfrac{\pi}{2}$，就满足了组成圆偏振光的条件(图 6-4)。由于相位差 $\dfrac{\pi}{2}$ 相当于光程差 $\dfrac{\lambda}{4}$(λ 为光波波长)，此薄片称为四分之一波片。

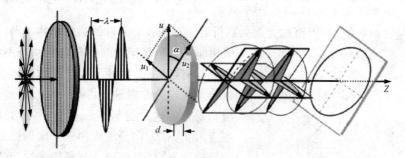

图 6-4　圆偏振光的产生

6.2.2　应力光学定理

　　当平面偏振光入射到具有暂时双折射性质的平面应力模型上时，即沿两个主应力方向分解为两束平面偏振光。设 n_1、n_2 分别为模型材料对振动方向沿 σ_1 和 σ_2 的平面偏振光的折射率，实验证明

$$n_1 - n_2 = C(\sigma_1 - \sigma_2) \qquad\qquad (6\text{-}6)$$

其中，C 为应力光学系数。

　　由于沿 σ_1 和 σ_2 方向振动的两束平面偏振光在模型中传播的速度 v_1、v_2 不同，它们穿过厚度为 h 的模型的时间 t_1、t_2 不同，因而穿出模型时产生一个光程差

$$\Delta = v(t_1 - t_2) = v\left(\frac{h}{v_1} - \frac{h}{v_2}\right)$$

其中，v 为光在空气中传播的速度。因 $n_1 = \dfrac{v}{v_1}, n_2 = \dfrac{v}{v_2}$，代入上式，得

$$\Delta = h(n_1 - n_2) \tag{6-7}$$

将式(6-6)代入即得

$$\Delta = Ch(\sigma_1 - \sigma_2) \tag{6-8}$$

此即奠定了平面光弹实验基础的平面应力-光学定律：当模型厚度一定时，任一点的光程差与该点的主应力差成正比。

6.2.3　光弹仪的基本构成与正交平面偏振场中的光弹性效应

图 6-5 为目前市面上的 TST-100 微型数码光弹仪，其基本构成和老式的 409 型光弹仪基本一致。在光路上，光弹仪主要包括光源、将点光源变为平行光的准直透镜、起偏镜、模型及加载架、检偏镜、视场镜等。起偏镜和检偏镜由偏振片制成，前者的作用是将平行光变为平面偏振光，后者用于检验光波通过的情况。两个偏振镜的光轴根据需要垂直或平行布置。在起偏镜与模型和模型与检偏镜之间，还可根据需要加装两个快慢轴（穿出速度快慢的偏振方向）刚好正交的四分之一波片，并要求第一个四分之一波片的快慢轴与起偏镜的偏振轴成 45°。

图 6-5　TST-100 微型数码光弹仪

如图 6-6(a)所示，当光弹仪的检偏镜偏振轴 A 与起偏镜偏振轴 P 垂直布置时,就构成平面正交偏振光场。若模型不受力,通过起偏镜的光线被检偏镜挡去,投影幕为暗场。当模型受力后,设模型上一点 O 的主应力分别为 σ_1 和 σ_2,通过起偏镜的平面偏振光 $u = a\sin\omega t$ 将沿 σ_1 和 σ_2 分解为两束平面偏振光(图 6-6(b))。

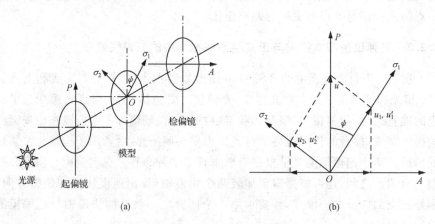

(a)　　　　　　　　　　　　　　　(b)

图 6-6　正交平面偏振光场中的光弹效应分析

$$u_1 = a\sin\omega t\cos\psi$$
$$u_2 = a\sin\omega t\sin\psi$$

两束偏振光穿过模型后将产生一个相对光程差 Δ,或相位差 $\delta = \dfrac{2\pi\Delta}{\lambda}$,所以方程变为

$$u'_1 = a\sin(\omega t + \delta)\cos\psi \tag{6-9}$$
$$u'_2 = a\sin\omega t\sin\psi \tag{6-10}$$

通过检偏镜 A 后的合成光波为

$$u_3 = u'_1\sin\psi - u'_2\cos\psi$$

代入式(6-9)和式(6-10)整理得

$$u_3 = a\sin2\psi\sin\frac{\delta}{2}\cos\left(\omega t + \frac{\delta}{2}\right) \tag{6-11}$$

由于光的强度 I 与振幅的平方成正比,注意到 $\delta = \dfrac{2\pi\Delta}{\lambda}$,则有

$$I = K\left(a\sin2\psi\sin\frac{\pi\Delta}{\lambda}\right)^2 \tag{6-12}$$

其中,K 为常数。可见 $I = 0$,即从检偏镜后看到暗点的情况有两种:

(1) $\sin2\psi = 0$,即 $\psi = 0$ 或 $\psi = \dfrac{\pi}{2}$。由于 $\psi = 0$ 或 $\psi = \dfrac{\pi}{2}$ 刚好为起偏镜

和检偏镜的偏振方向,这表明主应力 σ_1 和 σ_2 的方向刚好和两个偏振镜的偏振方向重合时,视场为黑点,这些黑点的连线称为等倾线。可见等倾线反映的是平面正交偏振光场中和起偏镜、检偏镜偏振方向相同的两个平面主应力的方向。同步旋转起偏镜、检偏镜,如 5°、10° 等可以获得沿其他角度分布的等倾线。

(2) $\sin\dfrac{\pi\Delta}{\lambda}=0$。这就要求 $\dfrac{\pi\Delta}{\lambda}=N\pi$,即 $\Delta=N\lambda$ $(N=0,1,2,\cdots)$。这表明,当光程差刚好为单色光波长的整数倍时,模型上的点在屏幕上也显示黑点。满足光程差等于同一整数倍波长的各点连成的黑色条纹线称为等差线。相应于 $N=0,1,2,\cdots$ 的等差线分别称为 0 级、1 级、2 级等差线。将这一条件代入应力-光学定律得

$$\Delta=Ch(\sigma_1-\sigma_2)=N\lambda \quad (N=0,1,2,\cdots) \tag{6-13}$$

令

$$f=\frac{\lambda}{C} \tag{6-14}$$

得

$$\sigma_1-\sigma_2=\frac{Nf}{h} \tag{6-15}$$

其中,f 为材料条纹值,单位为 N/m,它与光源和材料有关,可由实验测得。可见模型的主应力差与条纹级数 N 成正比,等差线反映的是主应力差值的大小。

6.2.4　等倾线与等差线的分离

在正交平面偏振场中采用单色光源时,等倾线和等差线都为黑色,互相干扰。采用白光光源时,等倾线为黑色,等差线为彩色,虽然等差线容易获得,但它对等倾线的遮盖会使等倾线的判别困难。所以实验中需要将等倾线和等差线进行分离。

采用双正交圆偏振布置光场(图 6-7),能够消除等倾线,获得单一等差线。在正交平面偏振光场的模型两侧加一对快慢轴正交的四分之一波片,并使它们的快慢轴与起偏镜和检偏镜的光轴成 45° 即构成双正交圆偏振布置光场。与正交平面偏振光场中的光学效应分析方法类似,可以证明,通过平面应力模型上一点的光线到达屏幕后的波动方程为

$$u_5=a\sin\frac{\delta}{2}\cos\left(\omega t+2\psi+\frac{\delta}{2}\right) \tag{6-16}$$

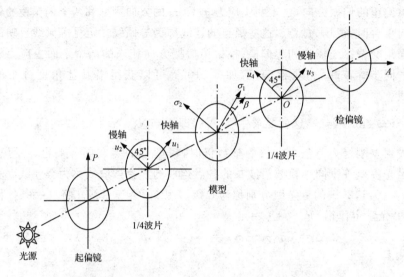

图 6-7　双正交平面圆偏振布置光场中的光弹效应分析

因此,光强可表示为

$$I = K\left(a\sin\frac{\delta}{2}\right)^2 = K\left(a\sin\frac{\pi\Delta}{\lambda}\right)^2 \qquad (6\text{-}17)$$

可见只要满足 $\dfrac{\pi\Delta}{\lambda} = N\pi$,即 $\Delta = N\lambda$($N=0,1,2,\cdots$)的条件,模型上的对应点消光为黑色,这就消除了等倾线。

　　如果将检偏镜的偏振轴 P 旋转 $90°$,使之与起偏镜偏振轴 A 平行,保持两个四分之一波片的布置不变,即得**平行圆偏振布置光场**。根据同样的推导方法可得

$$I = K\left(a\cos\frac{\delta}{2}\right)^2 = K\left(a\cos\frac{\pi\Delta}{\lambda}\right)^2 \qquad (6\text{-}18)$$

可见 $I = 0$ 的条件是 $\dfrac{\pi\Delta}{\lambda} = \dfrac{m}{2}\pi$,即 $\Delta = \dfrac{m}{2}\lambda$($m=1,3,5,\cdots$),即平行圆偏振布置光场中发生消光的条件是光程差是半波长的奇数倍。故此产生的黑色等差线为半数级,由低到高称为 0.5 级、1.5 级、2.5 级等。光弹实验中可通过这一方法获得半数级等差线。

　　相对于等差线而言,要获得清晰的等倾线则比较困难,因为等差线不易消除。一种有效方法是采用"双模型法",即采用光学常数 C 较低的材料,如有机玻璃等做成同样尺寸和形状的较薄模型来测试。这种材料制成的模型因为

条纹值 f 很大,整个模型上各点的条纹级数 N 可能达不到 1,即屏幕上等差线基本不出现,就达到了消除等倾线保留等差线的目的。其次,因为荷载大小不改变模型内主应力的方向,可通过变动荷载大小使等倾线较为清晰。

6.2.5　等差线条纹级数的确定与主应力方向判别

采用白光光源比较容易判别等差线的条纹级数,但判别的关键是首先确定零级条纹。零级条纹的判别可把握三点:一是在白光光源下,零级条纹为黑色,非零级条纹为彩色;二是模型自由方角上,因为 σ_1 和 σ_2 均为零,$N=0$;三是拉压过渡区必有零级条纹。零级条纹确定后,根据应力变化的连续性,条纹级数可依次确定。在白光光源下,当颜色依次变化为黄、红、蓝、绿时,是条纹级数增加的方向,反之则为级数减少方向。

当等差线没有零级条纹时,可用"连续加载法",即从零开始缓慢地一边加载一边观察,最初出现的那一条条纹级数为 $N=1$。继续加载,一级条纹将向应力低的区域移动,跟随一级条纹可以判别出相继出现的条纹级数。

同步旋转起偏镜和检偏镜可依次获得各旋转角度下的等倾线,将这些等倾线叠加在一起即获得模型上反映主应力方向的等倾线曲线族,但 σ_1 和 σ_2 沿什么方向并不知道。判别主应力方向的方法有多种。一种办法是根据模型形状和受力情况,首先确定 σ_1 和 σ_2 哪个为拉或为压,再根据应力变化的连续性推断其他各点的主应力方向。也可利用"柯克补偿器"或四分之一波片判别 σ_1 和 σ_2 的方向,限于篇幅,这里不再介绍。

6.2.6　主应力计算

光弹实验方法可以获得两个平面主应力的方向和差值,要得到它们的大小还需借助其他方法。其中一个方法是"主应力和法"。

因为已经通过等倾线和等差线获得了主应力的方向差值 $\sigma_1 - \sigma_2$ 分布,若再获得主应力和值 $\sigma_1 + \sigma_2$ 分布,即可得到全场的应力分布。目前获得主应力和值分布的方便方法是采用全息光弹技术。全息光弹是另一项实验技术,限于篇幅,本书不作介绍。当忽略体积力时,因为平面应力满足拉普拉斯方程

$$\boldsymbol{V}^2(\sigma_1 + \sigma_2) = \left(\frac{\partial}{\partial x^2} + \frac{\partial}{\partial y^2} \right)(\sigma_1 + \sigma_2) = 0 \qquad (6\text{-}19)$$

采用数值方法,也可求得主应力和的分布。

分离主应力大小的另一常用方法是剪应力差法。其要点如下:

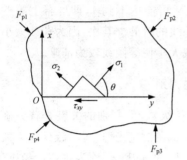

图 6-8 平面应力状态模型

首先计算斜截面上的剪应力。如图 6-8 所示,当已知主应力 σ_1、σ_2 时,与 σ_1 方向夹角为 θ 的斜截面上的剪应力为

$$\tau_{xy} = \frac{\sigma_1 - \sigma_2}{2}\sin2\theta$$

考虑到应力光学定律式(6-15),可得

$$\tau_{xy} = \frac{Nf}{2h}\sin2\theta \qquad (6\text{-}20)$$

再由平面应力的平衡微分方程 $\frac{\partial\sigma_x}{\partial\sigma_y} + \frac{\partial\tau_{xy}}{\partial y} = 0$,两边沿轴 x 从 0 到 i 进行积分,得

$$(\sigma_x)_i = (\sigma_x)_0 - \int_0^i \frac{\partial\tau_{xy}}{\partial y}\mathrm{d}x$$

其中,$(\sigma_x)_i$ 为计算点的 σ_x 值;$(\sigma_x)_0$ 为起始边界点上的 σ_x。用有限差分代替积分可得

$$(\sigma_x)_i = (\sigma_x)_0 - \sum_0^i \frac{\Delta\tau_{xy}}{\Delta y}\Delta x \qquad (6\text{-}21)$$

其中,$\Delta\tau_{xy}$ 是在间距 Δx 中剪应力沿 Δy 的增量。因此,要计算某一截面 Ox 上的正应力,须先在该截面的上下做相距为 Δy 的两个辅助截面 AB 和 CD,并将 Ox 等分成若干份(图 6-9),然后从边界开始逐点求和,以确定各分点的 σ_x。若 Δx 相邻两点用 $i-1$ 和 i 表示,式(6-21)可表示为

$$(\sigma_x)_i = (\sigma_x)_{i-1} - \Delta\tau_{xy}\,\big|_{i-1}^{i}\,\frac{\Delta x}{\Delta y} \qquad (6\text{-}22)$$

其中,$\Delta\tau_{xy}$ 为上下两个辅助截面的剪应力差值,即 $\Delta\tau_{xy} = \tau_{xy}^{AB} - \tau_{xy}^{CD}$;$\tau_{xy}\,\big|_{i-1}^{i}$ 表示相邻两点 $i-1$ 和 i 的剪应力差的平均值,

$$\tau_{xy}\,\big|_{i-1}^{i} = \frac{(\Delta\tau_{xy})_{i-1} - (\Delta\tau_{xy})_i}{2} \qquad (6\text{-}23)$$

求得 σ_x 后,利用应力圆可求得另一个主应力

$$\sigma_y = \sigma_x - (\sigma_1 - \sigma_2)\cos2\theta = \sigma_x - \frac{Nf}{h}\cos2\theta \qquad (6\text{-}24)$$

具体计算时,可根据应力变化梯度划分网格疏密,梯度变化急剧时应适当加密。

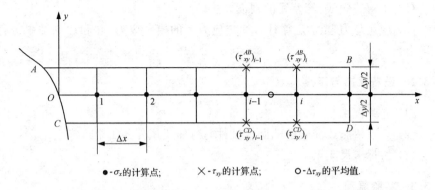

図 6-9　剪应力差法计算图式

6.2.7　将模型应力换算为原型应力

得到模型的应力分布后,需按照相似原理换算为原型应力。若用 p 和 M 作下标,分别表示原型和模型,用 P、L 和 h 分别表示集中荷载、平面尺寸和厚度,根据相似原理,在集中荷载下的换算公式为

$$\sigma_p = \sigma_M \frac{P_p}{P_M} \frac{L_M}{L_p} \frac{h_M}{h_p} \tag{6-25}$$

对于分布荷载

$$\sigma_p = \sigma_M \frac{q_p}{q_M} \tag{6-26}$$

对于自重荷载

$$\sigma_p = \sigma_M \frac{\gamma_p}{\gamma_M} \frac{L_p}{L_M} \tag{6-27}$$

其中,q、γ 分别表示分布力集度和容重。

6.3　光弹性基本实验

光弹实验的内容十分丰富,要完成一个完整的实验,通常需要花费较长的时间。本节介绍的几个实验是光弹实验中比较简单和经典的内容,目的是对光弹实验有初步的认识,了解其基本原理和方法。

6.3.1　实验目的与要求

(1) 掌握材料条纹值 f 测定的基本方法。

（2）了解等倾线、等差线的判读方法。

（3）应用应力-光学定律计算简单应力下的模型应力,并和理论结果进行比较。

6.3.2　设备仪器与工具

（1）光弹仪 1 台。

（2）环氧树脂或聚碳酸酯圆盘试件与弯曲梁试件各 1 个。

（3）游标卡尺 1 个。

6.3.3　实验原理

本节实验包括圆盘对径受压、三点弯曲、四点弯曲三个实验内容,其中,第一个实验用于测定材料条纹值,后两个实验用于应力分析。

1. 圆盘对径受压模型

对于图 6-10 所示的对径受压圆盘,直径为 D,厚度为 t,载荷 F_p 沿 y 轴作用。理论分析知,圆盘中心 O 点处于两向应力状态,主应力分别为

$$\sigma_1 = \sigma_x = \frac{2F_p}{\pi Dt}$$

$$\sigma_2 = \sigma_r = -\frac{6F_p}{\pi Dt}$$

因此主应力差为

$$\sigma_1 - \sigma_2 = \frac{8F_p}{\pi Dt}$$

再由应力-光学定律式(6-15)可得材料的条纹值为

$$f = \frac{8F_p}{\pi DN} \tag{6-28}$$

其中,N 为圆盘中心 O 点的条纹级数。若在未加载时 O 点有初始条纹 N' 级,则式(6-28)可写成

$$f = \frac{8F_p}{\pi D(N - N')} \tag{6-29}$$

可见,只要读取圆盘中心 O 点的条纹级数,根据对径压缩荷载和圆盘直径,即可获得材料条纹值 f。

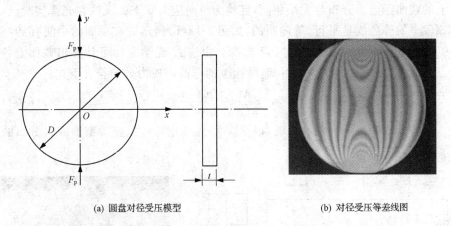

(a) 圆盘对径受压模型　　　　　　　　　　　　　(b) 对径受压等差线图

图 6-10　圆盘对径受压模型与等差线图

2. 三点弯曲模型

如图 6-11 所示,厚度为 t,高为 h 的简支梁中间受集中载荷 F_p 的作用,其最大正应力发生在梁的跨中截面的下边缘,而且是单向应力状态。

$$\sigma_{max} = \frac{M_{max}}{W} = \frac{\frac{F_p l}{4}}{\frac{th^2}{6}} = \frac{3F_p l}{2th^2} \tag{6-30}$$

若测得该处的等差线条纹级数 N_{max},根据应力-光学定律可得最大正应力的实测值

$$\sigma_{max} = N_{max}\frac{f}{t} \tag{6-31}$$

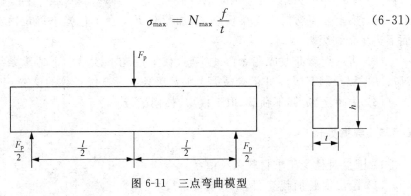

图 6-11　三点弯曲模型

3. 四点弯曲模型

如图 6-12(a)所示的四点弯曲实验模型的中间段为纯弯曲,在该段各截面

上的弯曲正应力分布与大小相同,且均为单向应力状态。反映在光弹实验上,该段上的等色线是平行、等间距的,如图 6-12(b)所示。在截面的中间有 $N=0$ 的中性层,最大的正应力在上下边缘。由应力-光学定律可计算出截面上各点的应力,由材料力学分析可知,截面上的弯曲正应力分布符合下式:

$$\sigma = \frac{M}{I_z}y = \frac{6F_p a}{th^3}y \tag{6-32}$$

若读取截面上的条纹级数,根据应力-光学定律可以获得截面应力分布的实测值。

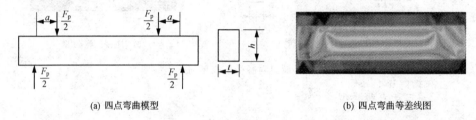

(a) 四点弯曲模型　　　　　　　　　　　　　　(b) 四点弯曲等差线图

图 6-12　四点弯曲模型与等差线

6.3.4　实验步骤

(1) 将光弹仪布置为双正交圆偏振光场。

(2) 测量试件尺寸,设计实验记录表格。

(3) 用白光和单色光观察圆盘对径受压等色线图,掌握等色线圈条纹级数读法,确定其中心条纹为 5 级时的载荷 F_p。

(4) 换上三点弯曲简支梁模型,施加荷载 F_p,在单色光下确定简支梁截面下边缘条纹级数 N_{max}。

(5) 将三点弯曲改成四点弯曲实验,在单色光下读出上下边缘条纹级数 N_H、N_L,以及载荷 F_p,并记录截面上整数级条纹及 0 级条纹的位置。

(6) 关闭光源,卸下荷载,取下模型,整理记录。

6.3.5　数据处理

1) 圆盘对径受压求材料条纹值 f

(1) 绘出实验加载简图,并标明模型尺寸。

(2) 画出初测点应力状态,并测定该点条纹级数。

(3) 计算材料条纹值。

2) 三点弯曲求最大应力

（1）绘出实验加载简图，并标明模型尺寸。

（2）画出危险点的应力状态，测定该点条纹级数。

（3）计算实测的最大应力，并与理论计算值比较，讨论相对误差。

3）四点弯曲测定梁横截面的应力分布

（1）绘出实验加载装置简图，并标明模型尺寸。

（2）叙述四点弯曲实验方法，测定梁上、下边缘条纹级数。

（3）计算上下表面的实测最大应力。

$$|\sigma|_{\max} = \frac{N_{\mathrm{H}} + N_{\mathrm{L}}}{2} \cdot \frac{f}{t} \tag{6-33}$$

（4）计算上下表面的理论最大应力值并和实测结果进行比较。

6.3.6　思考题

（1）是否可以用纯弯曲实验确定材料条纹值？怎样确定？

（2）用圆盘对径受压确定材料条纹值有何优越性？

（3）在等色线图上怎样识别危险点？梁的三点弯曲和四点弯曲模型危险点在哪里？

6.4　云纹干涉技术

近 20 年来，由于激光技术和近代光学的发展及其在实验力学领域中的应用，产生了以全干涉、散斑干涉、云纹干涉为主要研究内容的现代光测力学。云纹干涉法由于具有高灵敏度、大量程、极好的条纹质量、非接触、实时全场观测等优点，自从它诞生之日起就受到广大实验工作者的高度重视，进行了大量的研究工作，取得了重要进展。迄今为止，云纹干涉法的理论与方法研究已基本完善，并在材料科学、无损检测、断裂力学、细观力学、微电封装等许多领域中获得了成功的应用。

云纹干涉法在实验技术和应用方面发展迅速。现已由面内位移测量推广到了测量离面位移，进而实现了三维位移场的同时测量；能测量三维位移场的导数场和变形板的曲率场；通过汞灯加滤波等方法可使白光云纹干涉法得以实现，放松了云纹干涉法对光源的苛刻要求。再加上其关键技术制栅水平的不断提高，如高温和零厚度高频光栅相继出现，使云纹干涉法的应用范围日益扩大。云纹干涉法对应的测量灵敏度的理论上限为 $\lambda/2$ 的条纹位移，因此，云纹干涉法是一种高精度测量方法，开展云纹干涉法测量误差的分析研究，对进一步提高测量精度有重要意义。

6.4.1 云纹干涉的基本原理

1. 光栅

衍射光栅主要有两大类：刻划光栅和全息光栅，如图 6-13 所示。刻划光栅可以做成平面或内凹形状，对特定的光波具有较高的衍射效率；全息光栅一般是用光学方法制作的，它的衍射波具有很好的偏振态和非常好的波前。

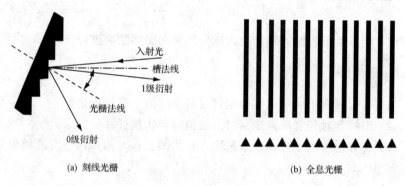

(a) 刻线光栅　　　　　　　　　　　　　　(b) 全息光栅

图 6-13　刻划光栅和全息光栅

全息衍射光栅是激光全息技术出现后的产物。它是利用相干光源、光致抗蚀剂作为记录材料，通过曝光、显影、定影来制造衍射光栅。目前衍射光栅的制造正朝着高效率、大面积、新品种等方向发展，尤其是全息光栅，以其高效率、大面积、低成本的优势而成为热点。

目前的云纹干涉技术中主要使用一个或两个方向光栅，尤其是两个方向光栅，又称正交光栅。因为使用这种光栅可以在一次加载中测试到 x 轴、y 轴两个方向的位移场，所以得到广泛的应用。

2. 莫尔(Moiré)条纹

如图 6-14 所示，将主控栅格与模型栅格分别固接在两块透明的平面上。假定下面这块透明平板是我们要做应力分析的结构，称为试件；上面的平板则称为分析板，在结构变形前，两块板上的栅格平行相对（图 6-14(a)）。试件变形前，平行光线垂直分析板入射时，光线将透过试件，在屏幕上形成均匀的光强分布。当试件受力变形后，由于试件上的模型栅格对主控栅格会发生错动，透过主控栅格间隙的光线，在抵达试件时就受到试件上模型栅格不同程度的遮挡。若模型栅格的某一"线条"恰好落在主控栅格"线条"之间的间隙上,光线透过的最少,屏幕上显示最暗;反之,模型栅格的某一"线条"若与主控栅格某"线条"重合时,其邻近栅格间隙几乎完全"打开",因此透过的光线最多,屏幕显示会最亮。这样,在垂直于栅格"线条"的平面上,我们便得到如图 6-14 (b)所示的光强分布。而在顺着主控栅格"线条"的屏幕上便形成明暗相间的条纹——莫尔条纹。所以莫尔条纹实质上是变形结构上位移相等的各点的轨迹线,即等变位线。

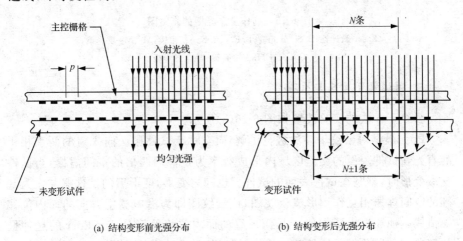

(a) 结构变形前光强分布　　　　　(b) 结构变形后光强分布

图 6-14　莫尔条纹形成过程

3. 全息光栅的制作原理

两束准直的激光以一定的角度在空间相交时(图 6-15),在其相交的重叠区域两束光将会发生干涉现象,即光波相互叠加。在光波相互叠加的区域,当两束光的光程差为波长的偶数倍时,光强变强;而当两束光的光程差为波长的奇数倍时,光强相消。这样在空间将形成一系列明暗相间的干涉条纹。条纹的疏密与两束相干光的夹角及波长大小有关。也就是说,在两束光的相交区域,将产生一个稳定的具有一定空间频率的光栅,光栅的频率与激光波长 λ 及两束激光的夹角 2α 有关。

光栅的频率为

$$f = \frac{2\sin\alpha}{\lambda} \tag{6-34}$$

其中,f 为光栅的频率,线/mm;λ 为入射光的波长;2α 为两入射光的夹角。

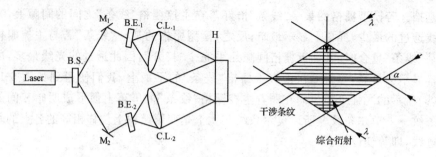

图 6-15　制作全息光栅的光路图

Laser-激光器；B.S.-分光镜；B.E.$_1$、B.E.$_2$-扩束镜；M$_1$、M$_2$-反光镜；

C.L.$_1$、C.L.$_2$-准直镜；H-全息干板

4. 测试装置及基本原理

云纹干涉法的实验装置如图 6-16(a)所示。

Post 最早对云纹干涉法进行了解释：对称于试件栅法向入射的两束相干准直光在试件表面的交汇区域内形成频率为试件栅两倍的空间虚栅，当试件受载变形时，刻制在试件表面的试件栅也随之变形，变形后的试件栅与作为基准的空间虚栅相互作用形成云纹图，该云纹图即为沿虚栅主方向的面内位移等值线。他还提出了类似于几何云纹的面内位移计算公式。Post 的这种最初解释借助了几何云纹的基本思想，给云纹干涉法以简单描述，这对建立概念是有用的。正像 Post 所指出的一样，云纹干涉法的本质在于从试件栅衍射出的翘曲波前相互干涉产生代表位移等值线的干涉条纹。此后，戴和 Post 等又从光的波前干涉理论出发对云纹干涉法进行了严格的理论推导和解释。

如图 6-16(b)所示，当两束相干准直光 A、B 以入射角 $\alpha = \arcsin(f\lambda)$ 对称入射试件栅时，将获得沿试件表面法向传播光波 A 的正一级衍射光波 A' 和 B 的负一级衍射光波 B'。如果试件栅非常平整，试件亦未产生任何变形，则两个正、负一级衍射波 A'、B' 可以看成平面波，分别表示为

$$A' = a\exp(\mathrm{i}\phi_a) \tag{6-35a}$$

$$B' = a\exp(\mathrm{i}\phi_b) \tag{6-35b}$$

其中，a 为衍射波 A'、B' 的振幅；对于平面波，位相 ϕ_a 和 ϕ_b 皆为常数。

当试件受力变形后，平面光波 A'' 和 B'' 变为和试件表面位移有关的翘曲波前，其位相也将发生相应的变化，翘曲波前可表示为

$$A'' = a\exp[\mathrm{i}(\phi_a + \phi_a(x,y))] \tag{6-36a}$$

$$B'' = a\exp[\mathrm{i}(\phi_b + \phi_b(x,y))] \tag{6-36b}$$

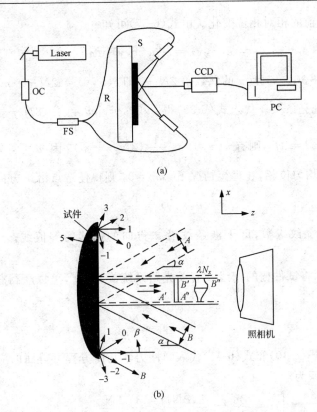

图 6-16　云纹干涉法的实验装置及原理图

Laser-激光器；OC-光纤耦合器；FS-Y 形光纤；S-试件；R-可旋转工作台；CCD-摄像机；PC-计算机

其中，$\phi_a(x,y)$、$\phi_b(x,y)$ 为因试件表面位移变化引起的位相变化，它们与试件面 x 方向的位移 u 和 z 方向的位移 w 有如下关系：

$$\phi_a(x,y) = \frac{2\pi}{\lambda}[w(x,y)(1+\cos\alpha) + u(x,y)\sin\alpha] \tag{6-37a}$$

$$\phi_b(x,y) = \frac{2\pi}{\lambda}[w(x,y)(1+\cos\alpha) - u(x,y)\sin\alpha] \tag{6-37b}$$

正负一级衍射光波在像平面上发生干涉，其光强分布为

$$I = (A'' + B'')(A'' + B'')^* = 4A^2\cos\frac{1}{2}[(\phi_a - \phi_b) + \phi_a(x,y) - \phi_b(x,y)]$$

$$= 2A^2\{1 + \cos[m + \delta(x,y)]\} \tag{6-38}$$

其中，$m = \phi_a - \phi_b$，为两束平面波 A' 和 B' 的初始相位差，为常数，并可等效于试件平移产生的均匀位相；$\delta(x,y) = \phi_a(x,y) - \phi_b(x,y)$，为试件变形后两束

翘曲衍射波前的相对相位变化。由式(6-37)可知

$$\delta(x,y) = \frac{4\pi}{\lambda}u(x,y)\sin\alpha \qquad (6-39)$$

可见,当 $m+\delta(x,y)$ 为 π 的偶数倍 $2N_x\pi$,即 $\delta(x,y)=2N_x\pi-m$ 时,干涉光强最大,出现亮条纹。代入式(6-39)得: $u(x,y)\sin\theta = \frac{\lambda}{4\pi}(2N_x\pi-m)$。若入射光满足 $\sin\theta = \lambda f$,则有 $u(x,y)=\frac{1}{4\pi f}(2N_x\pi-m)$。因 m 可等效于刚体平移所产生的均匀位相,在理想情况下, $m=0$,则得任意点沿 x 方向的位移

$$u(x,y) = \frac{N_x}{2f} \qquad (6-40)$$

其中, N_x 为条纹级数,即干涉条纹沿 x 方向的位移的等值线; f 为试件栅频率。

类似地,将试件栅的栅线及有关光路系统旋转 $90°$,可以获得任意点沿 y 方向的位移

$$v(x,y) = \frac{N_y}{2f} \qquad (6-41)$$

将以上式(6-40)和式(6-41)代入弹性力学几何方程可得面内应变分量与位移场的关系为

$$\begin{cases} \varepsilon_x = \dfrac{\partial u}{\partial x} = \dfrac{1}{2f}\dfrac{\partial N_x}{\partial x} \approx \dfrac{1}{2f}\dfrac{\Delta N_x}{\Delta x} \\[2mm] \varepsilon_y = \dfrac{\partial v}{\partial y} = \dfrac{1}{2f}\dfrac{\partial N_y}{\partial y} \approx \dfrac{1}{2f}\dfrac{\Delta N_y}{\Delta y} \\[2mm] \gamma_{xy} = \dfrac{1}{2}\left(\dfrac{\partial u}{\partial y}+\dfrac{\partial v}{\partial x}\right) \approx \dfrac{1}{4f}\left(\dfrac{\Delta N_x}{\Delta y}+\dfrac{\Delta N_y}{\Delta x}\right) \end{cases} \qquad (6-42)$$

6.4.2　云纹干涉实验——弹性模量和泊松比测试

1. 实验目的与要求

(1) 了解云纹干涉技术的基本原理。

(2) 掌握由平面内位移场得到相关应变场的方法。

(3) 了解全息光栅的制作与复制。

2. 实验装置与工作原理

云纹实验装置的构成原理如图 6-17 所示。四光束对称入射光路的优点

是测量中无需转动试件,通过一次加载即可获得沿 x 和 y 两个方向的面内位移(u 场和 v 场)。图 6-17(a)只是标明单方向的云纹干涉原理图,图 6-17(b)则标明两个方向位置的布置。图中主要元器件及功能如下:

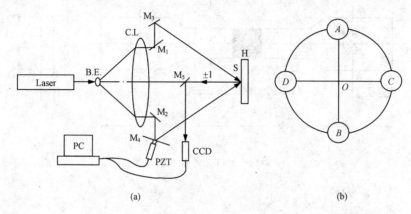

图 6-17 四光束云纹干涉仪示意图

(1) Laser 为激光器,He-Ne 激光或其他波长的可见光激光器,提供相干光源。

(2) B. E. 为扩束镜,将激光器发出的光束直径扩大,放大倍数为 20 倍、40 倍、60 倍。

(3) C. L 为准直镜,将扩束后的发散光变成平行等直径的平面波前光,其直径 $\phi = 206$ mm,焦距 $f = 600$ mm;它同时入射到四个全反镜 M_1、M_2、M_1'、M_2' 上,再入射到 M_3、M_4、M_3'、M_4' 进行二次全反射。图 6-17(a)只画出一个方向的全反镜 M_1、M_2、M_3、M_4,另一个方向的全反镜位置如图 6-17(b)所示。

(4) M_1、M_2、M_1'、M_2'、M_3、M_4、M_3'、M_4' 为全反镜,反射效率不小于 99%。通过调整它们的位置以保证所需的四束光路有合适的入射方向。

(5) H 为可调节工作台,安装调试试件。

(6) CCD 为摄像机,获取干涉条纹的视频信号。

(7) PZT 为相移驱动装置。

(8) PC 为计算机,信号采集与数据处理。

在图 6-17(b)中,A 和 B 代表图 6-17(a)中的 M_3、M_4,它可以在水平方向产生云纹干涉,形成水平方向位移场(u 场),而 C 和 D 则可以在垂直方向产生云纹干涉,形成垂直方向位移场(v 场)。

实验所用的典型试件如图 6-18 所示。

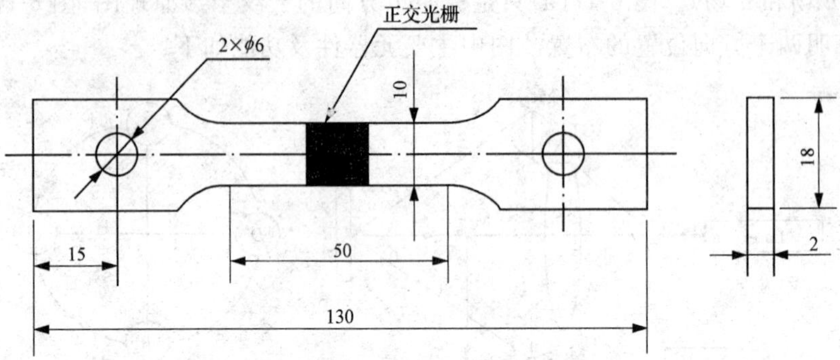

图 6-18　试件尺寸及光栅位置

3. 实验步骤

（1）将表面带有正交光栅的试件 S 安放在可调节工作台的中心,调整试件的位置,使光栅的两个方向分别处在水平、竖直方向。

（2）开启激光器,让激光器发出的激光,经过扩束、准直后成为直径为 206mm 的平行光,经过 M_1、M_2、M_1'、M_2' 和 M_3、M_4、M_3'、M_4' 二次全反射后入射到试件 S 上。调整各个反射镜的位置与角度,使它们的中心以与试件表面的法线方向成 $\alpha = \arcsin(f\lambda)$ 的相同角度入射到试件 S 上的同一点。

（3）细调各个全反镜的位置和方向,使得四束入射光的 +1 或 -1 级衍射光与试件表面的法线方向一致。这样 M_3、M_4 的 +1 或 -1 级衍射光在空间叠加产生的干涉条纹与试件上水平方向的光栅方向一致,并叠加产生莫尔条纹,即零场;同理,M_3'、M_4' 可以产生垂直方向的零场。用 CCD 记录并保存这两个方向的莫尔条纹。

（4）加载。由于试件发生形变,带动其表面的试件栅一起变化,它和由 M_3、M_4、M_3'、M_4' 全反射激光形成的固定虚光栅叠加在一起时,会分别在水平、竖直方向产生莫尔条纹,形成 u 场和 v 场,这两个位移场与变形前的莫尔条纹比较,便可得到试件的变形情况。

（5）分析 u 场和 v 场,利用式(6-42)分别求出沿加载方向和与之垂直的应变 ε_x、ε_y。

（6）根据胡克定律求泊松比和弹性模量。

$$\mu = -\frac{\varepsilon_y}{\varepsilon_x} \tag{6-43}$$

$$E = \frac{\sigma_x}{\varepsilon_x} = \frac{\Delta F}{S\varepsilon_x} \tag{6-44}$$

其中，ΔF 为施加荷载增量，单位为 N；S 为试件截面面积，单位为 mm^2。

4. 问题与讨论

（1）试举例说明云纹干涉技术可能的应用领域。

（2）应用云纹干涉法与电阻应变片测试材料的弹性常数有何异同？

6.5   电子散斑干涉技术实验

散斑干涉技术测量具有非接触，高精度和全场等优点，一直为人们所重视，尤其是被大量应用于表面变形的测量。早期的散斑干涉照相通常利用银盐干板做记录介质，不仅费时、费力，且操作过程复杂，再加上干涉条纹图的处理极其费时，给干涉技术的推广带来很大困难，电子散斑干涉法（ESPI）就是在这一背景下发展起来的。它采用 CCD 或 TV 摄像机采集相干散斑干涉场的光强信息，经过电子或数字处理后再以条纹图的形式显示在图像监视器上。依赖不同的光路布置，条纹可代表物体表面的振动模式、离面位移、面内位移、位移导数及物体形状的等值线等。

电子散斑是一种测量光学粗糙表面位移或变形等物理量的干涉测量技术，应用在无损检测（NDT）中，具有波长量级的灵敏度。它综合了激光技术、视频技术和计算机数字图像处理等三大现代信息技术，具有如下特点：①采用 CCD 或 TV 摄像机记录和存储信息，可用电子或数字技术实时处理信息，实时显示干涉条纹，快速方便；②使用的图像采集卡（frame grabber board）以每秒 25 帧的速率采集散斑场信息，因而对工作环境的防震要求大大降低。由 ESPI 发展而来的电子错位干涉法（ESSPI）则完全不需要防震，可以走出实验室，进入现场测试；③采用相减模式处理干涉散斑场，可消除一般杂散光的影响，因而可在明室下操作，给实验工作带来极大方便；④电子散斑条纹图可以以数字形式存入存储介质中，便于条纹后处理。

6.5.1   实验目的与要求

（1）了解电子散斑干涉技术的基本原理。

（2）掌握 ESPI 测量物体离面位移的方法和技术。

（3）了解散斑干涉数据处理方法。

6.5.2　实验仪器与设备

（1）ESPI-301 型三维相移电子散斑干涉仪。

（2）演示试件：周边固定圆板（实现离面位移测量实验）或面内旋转试件（实现面内位移测量实验）。

（3）便携式 USB 图像采集盒（OK-DRIVE）。

（4）计算机。

6.5.3　电子散斑干涉术的基本原理

ESPI-301 型电子散斑干涉仪的外形如图 6-19 所示，由一台固体泵浦绿激光器作为光源，一个 CCD 及与其相连的光学成像设备采集图像，通过数据线和插在计算机主板上的图像卡，输入计算机，再经过软件处理、计算条纹图。独特的相移功能提高了仪器的灵敏度和精度，可以测得被测物的三维位移场，即可以直接、独立得到 u、v、w 场。

图 6-19　ESPI-301 型电子散斑干涉仪

电子散斑干涉仪的光路系统如图 6-20 所示。激光器发出的单束光经分光镜 B.S.$_1$ 后分成物光 O 和参考光 R 两束光，它们可表示为

$$U_O(r) = u_O(r)e^{i\phi_O(r)} \qquad (6\text{-}45a)$$

$$U_R(r) = u_R(r)\mathrm{e}^{\phi_R(r)} \tag{6-45b}$$

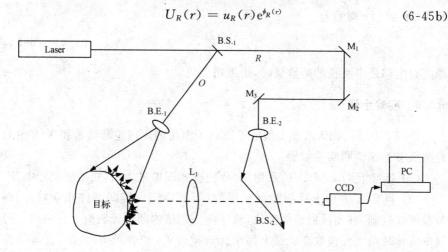

图 6-20　电子散斑干涉术光路图

B.S.₁-分光镜;B.S.₂-半透半反光镜;M₁、M₂、M₃-反射镜;B.E.₁、B.E.₂-扩束镜;L₁-成像透镜

其中,$u_O(r)$、$u_R(r)$ 是物光 O 和参考光 R 的振幅;$\phi_O(r)$、$\phi_R(r)$ 是经物体漫射后的物光相位和参考光相位。两束光的合成光强为

$$I(r) = u_O^2 + u_R^2 + 2u_O u_R\cos(\phi_O - \phi_R) \tag{6-46}$$

当物体发生变形后,物体表面各点的散斑场振幅 $u_O(r)$ 基本不变,而相位 $\phi_O(r)$ 改变为 $\phi_O(r) - \Delta\phi(r)$,即 $U'_O = u_O(r)\mathrm{e}^{\phi_O(r)-\Delta\phi(r)}$,因变形前后的参考光波维持不变,产生位移后的合成光强为

$$I'(r) = u_O^2 + u_R^2 + 2u_O u_R\cos[\phi_O - \phi_R - \Delta\phi(r)] \tag{6-47}$$

变形前后的两个光强相减得

$$\bar{I} = |I'(r) - I(r)| = \left| 4u_O u_R\sin\left[(\phi_O - \phi_R) + \frac{\Delta\phi(r)}{2}\right]\sin\frac{\Delta\phi(r)}{2}\right| \tag{6-48}$$

可见,当 $\Delta\phi(r) = 2k\pi$ 时,$\bar{I} = 0$,即出现暗条纹。由光波相位改变与物体变形的关系可得

$$\Delta\phi(r) = \frac{2\pi}{\lambda}[d_1(1 + \cos\theta) + d_2\sin\theta] \tag{6-49}$$

其中,λ 为所用激光波长;θ 为物光与物体表面法线的夹角;d_1 为物体变形的离面位移;d_2 为物体变形的面内位移。在角度 θ 较小的情况下,$\cos\theta \approx 1$,$\sin\theta \approx 0$,则有

$$\Delta\phi(r) = \frac{4\pi}{\lambda}d_1 \tag{6-50}$$

而当 $\Delta\phi = 2k\pi$ 时就有

$$d_1 = \frac{k\lambda}{2} \qquad\qquad (6\text{-}51)$$

即离面位移是半波长的整数倍时，出现暗条纹。

6.5.4　实验步骤

以图 6-19 所示 ESPI-301 型电子散斑干涉仪的面内位移测量和 X 方向的光路调节为例说明实验步骤：

(1) 连接上 OK-DRIVE 系列 USB 便携式图像采集盒，接上激光器电源。

(2) 打开 X 方向上反射镜保护罩（只需要轻轻旋转即可打开窗口）。调节微调螺纹副，移动反射镜的方位，确保两个完整的圆形光斑重合在一起。将面内位移转动试件摆放在光路上两个光斑重合处，调节光圈、焦距，直至图像清晰。

(3) 打开图像采集软件"OK DRIVER"，软件页面如图 6-21 所示。

图 6-21　图像采集软件界面

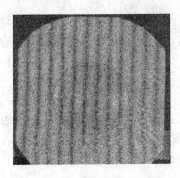

图 6-22　电子散斑干涉实验图

① 点击"实时显示"，此时计算机屏幕上显示所测量试件的散斑图像；图形稳定后，点击"S 单帧采"采集初始状态下的散斑图像；

② 转动测量转动试件上的微调螺纹使得试件产生面内位移，屏幕上实时显示出清晰的散斑图。随后点击"R 实时相减"，屏幕上显示的是变形后的散斑图与初始状态下的散斑图相减之后的散斑条纹图（图 6-22），保存下条纹图像。当一次固定剪切量的图像采集完毕，按计算机键盘的"空格"键，激活软件

画面,即可开始第二次实验。

(4) 实验数据处理:通过编制的软件对电子散斑图形进行自动处理,通过运算和分离获得变形场信息。

(5) 结束实验:关闭光源,整理仪器。

6.5.5　注意事项

(1) 不能成像时先检查镜头盖是否取下,CCD 的连线是不是接好在图像板上,其电源是否接通。

(2) 图像首先要调节清晰才能进行实验。

(3) 保持仪器干燥,不使用时应用防尘罩盖好,长期不用应将激光器、CCD、成像镜放置在干燥箱里。

(4) 仪器有灰尘应用吹气球吹去,光学元件用酒精乙醚混合液擦拭干净。

6.6　剪切电子散斑干涉技术实验

剪切电子散斑干涉是继电子散斑干涉后发展的一种测量位移导数的新技术。它与电子散斑干涉不同的是在光学结构上,后续的图像处理系统是相同的。它除了具有电子散斑干涉的许多优点外,还有光路简单、对振动隔绝的要求低等特点。另外,它测量的是位移导数,在自动消除刚体位移的同时对于缺陷受载的应变集中十分灵敏,因此被广泛地应用于无损检测(NDT)领域。剪切电子散斑干涉法的主要特点是能够直接获得应变条纹。

6.6.1　实验目的

(1) 了解电子剪切散斑干涉的原理。

(2) 认识散斑现象和散斑的电子记录,了解电子剪切散斑图像处理的过程。

(3) 了解电子剪切散斑干涉仪的使用和应用。

6.6.2　实验仪器与设备

(1) SSPI-150 型剪切电子散斑干涉仪。

(2) 便携式 USB 图像采集盒(OK-DRIVE)。

(3) 演示试件:周边固定圆板。圆板背面圆心处固定有带有刻度的旋转螺钮,可通过螺钮的旋转施加集中压力,产生离面位移。

（4）计算机。

图 6-23 为 SSPI-150 型剪切电子散斑干涉仪,它的主要构成组件和技术指标如下：

（1）绿光泵浦激光器：单模,输出功率 20mW,波长＝5322Å。

（2）扩束镜：Φ4 精密过半球扩束镜,相当于 20 倍和 40 倍物镜。

（3）剪切棱镜：Wollaston 15mm×15mm×15mm。

（4）变焦镜：28～80mm ZOOM。

（5）CCD：UNIG 201。

图 6-23　　SSPI-150 型剪切电子散斑干涉仪

6.6.3　剪切电子散斑干涉术基本原理

如图 6-24 所示,在剪切散斑照相机镜头前放置一个小角度的玻璃光楔块,由于光线通过玻璃光楔块产生偏折,使单光束变成双光束,在焦平面上就产生与楔块楔角相同方向的两个剪切的像,这就可能使物面上相邻两点的像重合,形成散斑干涉图像。当两个变形前后的散斑干涉图像同时记录在一块干板上,经过处理后,在傅里叶滤波光路中,将出现一个表示物体位移偏导数的条纹图案。

设楔块的楔角为 α,μ 为折射率,楔角沿 x 方向,则被测物体在像平面上的剪切量 $\delta x' = D_1(\mu-1)\alpha$。折合到物体表面上的剪切量,即可使像平面上的像重合的相邻两点距离 $\delta x = \delta x' \cdot D_0/D_1 = D_0(\mu-1)\alpha$。其中,$D_0$ 和 D_1 分别为透镜到物体表面和到成像平面的距离。

假设物面上相邻两点 $P(x,y)$ 和 $P(x+\delta x,y)$ 在像平面上形成的两个剪切像可以重合的波前复振幅分别为

$$U(x,y) = a\exp\left[\theta(x,y)\right] \tag{6-52}$$

$$U(x+\delta x,y) = a\exp\left[\theta(x+\delta x,y)\right] \tag{6-53}$$

其中, a 代表振幅; $\theta(x,y)$ 和 $\theta(x+\delta x,y)$ 分别表示两个剪切像的相位分布。两束光叠加的复振幅为

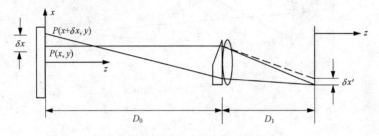

图 6-24　剪切散斑记录光路

$$U_\mathrm{T} = U(x,y) + U(x+\delta x,y) \tag{6-54}$$

光强为

$$I = U_\mathrm{T}U_\mathrm{T}^* = 2a^2\left[1+\cos\phi_x\right]$$

其中

$$\phi_x = \theta(x+\delta x,y) - \theta(x,y) \tag{6-55}$$

当物体变形后,光波将形成一个相位变化 Δ ,所以变形后的总光强将变为

$$I_\mathrm{T} = 4a^2\left[1+\cos\left(\phi_x+\frac{\Delta}{2}\right)\cos\frac{\Delta}{2}\right] \tag{6-56}$$

借助一个专用滤波器,可以分离出第一个 cos 分量,突出由于变形引起的相位变化 Δ 的影响。显而易见, $\Delta=(2N+1)\pi(N=1,2,3,\cdots,m)$ 时,第二个 cos 分量等于 0, I_T 最小,显示暗条纹;当 $\Delta=2N\pi$ 时,第二个 cos 分量等于 1, I_T 为极大值,显示亮条纹。这样就获得黑白条带交替的条纹图形——剪切图。

如图 6-25 所示,设物面上任一点 $P(x,y,z)$ 变形后位移到 $P^*(x+u,y+v,z+w)$,位移 u 、 v 、 w 引起的光程变化为 $\delta_1(x,y)$;物面上能使像平面上的剪切像重合的相邻点 $P_1(x+\delta x,y,z)$ 变形后移到 $P_1^*(x+\delta x+u+\delta u,y+v+\delta v,z+w+\delta w)$,位移引起的光程变化为 $\delta_{11}(x+\delta x,y)$,即

$$\delta_1(x,y) = (SP^* + P^*O) - (SP + PO) \tag{6-57a}$$

$$\delta_{11}(x + \delta x, y) = (SP_1^* + P_1^* O) - (SP_1 + P_1 O) \qquad (6\text{-}57\text{b})$$

这样,由于变形产生的总的光程或相位变化为

$$\Delta x = \frac{2\pi}{\lambda}(\delta_{11} - \delta_1)$$

其中,λ 代表照射光波长。

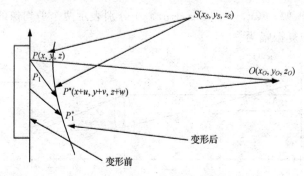

图 6-25　物体变形与光波相位变化关系

根据有关几何关系可以推得

$$\Delta x = \frac{2\pi}{\lambda}(A\delta u + B\delta v + C\delta w + Du\delta x) \qquad (6\text{-}58)$$

其中

$$A = \left(\frac{x - x_O}{R_0} + \frac{x - x_S}{R_S} \right), \quad B = \left(\frac{y - y_O}{R_0} + \frac{y - y_S}{R_S} \right)$$

$$C = \left(\frac{z - z_O}{R_0} + \frac{z - z_S}{R_S} \right), \quad D = \left(\frac{1}{R_0} + \frac{1}{R_S} \right)$$

$$R_0 = \sqrt{x_0^2 + y_0^2 + z_0^2}, \quad R_S = \sqrt{x_S^2 + y_S^2 + z_S^2}$$

将式(6-58)改写为

$$\Delta x = \frac{2\pi}{\lambda} \left(A \frac{\delta u}{\delta x} + B \frac{\delta v}{\delta x} + C \frac{\delta w}{\delta x} + Du \right) \delta x$$

由于 δx 很小,上式可表达为

$$\Delta x = \frac{2\pi}{\lambda} \left(A \frac{\partial u}{\partial x} + B \frac{\partial v}{\partial x} + C \frac{\partial w}{\partial x} \right) \delta x \qquad (6\text{-}59)$$

同理,如果剪切楔块沿 y 方向,可得

$$\Delta y = \frac{2\pi}{\lambda} \left(A \frac{\partial u}{\partial y} + B \frac{\partial v}{\partial y} + C \frac{\partial w}{\partial y} \right) \delta y \qquad (6\text{-}60)$$

如果剪切楔块沿与 x 或 y 方向成 45°的 η 方向,则有

$$\Delta\eta = \frac{2\pi}{\lambda}\left(A\frac{\partial u}{\partial\eta} + B\frac{\partial v}{\partial\eta} + C\frac{\partial w}{\partial\eta}\right)\delta\eta \qquad (6\text{-}61)$$

$\delta\eta$ 为 45°方向上的剪切量,它与 δx 和 δy 的关系为

$$\delta\eta^2 = \delta x^2 + \delta y^2 \qquad (6\text{-}62)$$

实际的光路布置一般使光源 S、摄像机、观察点 O 处在同一个平面内,且使 O 在 z 轴上,因此 $x_O = y_O = 0, R_O = z_O$。又因物体尺寸通常比 z_O、R_S 小,所以

$$\begin{cases} A \approx -\dfrac{x_S}{R_S} = -\sin\psi \\[2mm] B \approx 0 \\[2mm] C = -\left(1 + \dfrac{z_S}{R_S}\right) = (1 + \cos\psi) \end{cases} \qquad (6\text{-}63)$$

其中,ψ 为照明方向与观察方向的夹角。

将式(6-62)代入式(6-59)~式(6-61),并注意到条纹级数和光程差的关系 $\Delta = 2N\pi$,可得

$$\begin{cases} (1 + \cos\psi)\dfrac{\partial w}{\partial x} + \sin\psi \cdot \dfrac{\partial u}{\partial x} = -\dfrac{N_x\lambda}{\delta x} \\[2mm] (1 + \cos\psi)\dfrac{\partial w}{\partial y} + \sin\psi \cdot \dfrac{\partial u}{\partial y} = -\dfrac{N_y\lambda}{\delta y} \\[2mm] (1 + \cos\psi)\dfrac{\partial w}{\partial \eta} + \sin\psi \cdot \dfrac{\partial u}{\partial \eta} = -\dfrac{N_\eta\lambda}{\delta \eta} \end{cases} \qquad (6\text{-}64)$$

其中,N_x、N_y、N_η 分别表示剪切楔块沿 x、y、η 方向时,像平面上的剪切条纹级数。可见,物面上位移的偏导数与像平面上的条纹级数成正比。

6.6.4　实验步骤

(1) 布置好仪器,将 CCD 与电脑的连线接好,打开激光器电源,调节扩束镜,使光均匀扩散在试件表面。

(2) 打开图像采集软件,调节物距使计算机上的图像清晰。图 6-26 是在剪切棱镜的光路中十字形错开成两个像的情形。微调螺纹,即旋转反射镜,可将图像调节至图 6-27(a)和图 6-27(b)的位置,分别得到剪切图像 $\dfrac{\partial w}{\partial x}$ 和 $\dfrac{\partial w}{\partial y}$。

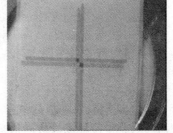

图 6-26　错位成像

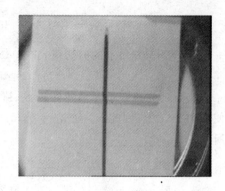

(a) 错位 $\dfrac{\partial w}{\partial x}$　　　　　　　　　　　(b) 错位 $\dfrac{\partial w}{\partial y}$

图 6-27　错位成像清晰

（3）运行采集程序，点击"实时显示"，计算机屏幕上实时显示试件散斑图，点击"S 单帧采"，采集初始状态下散斑图像。随后转动试件上的微调螺纹，使得试件产生离面位移，点击"R 实时相减"，此时屏幕上显示出剪切散斑条纹图。如图 6-28 所示，保存图像。采集完毕，按计算机键盘的"空格"键，激活软件画面，即可开始第二次实验。

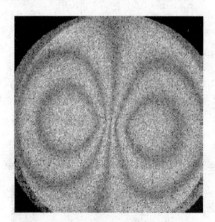
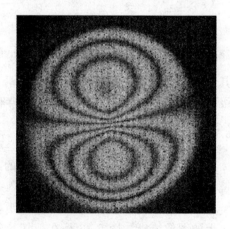

(a) 电子剪切散斑干涉 $\dfrac{\partial w}{\partial x}$　　　　　(b) 电子剪切散斑干涉 $\dfrac{\partial w}{\partial y}$

图 6-28　电子剪切散斑干涉图

（4）实验结果处理：利用编制的软件对采集的剪切散斑干涉图像进行实时处理，获得位移场导数的信息。

（5）结束实验：关闭程序，整理仪器，注意事项如 6.5.5 节所示。

6.7　二维数字散斑相关测量实验

数字散斑相关测量(digital speckle correlation measurement,DSCM)又被称为数字图像相关方法,是 20 世纪 80 年代由日本的 I. Yamaguchi 和美国南卡罗莱纳大学的 W. H. Peter 等独立提出的一种测量面内位移和变形的计算机辅助光学测量方法。它通过比较变形前后物体表面的两幅数字图像直接获取位移和应变信息,具有以下突出优点:①非接触、全场测量;②实验设备简单,对环境要求低,试件表面的散斑模式可以通过人工制斑技术获得或者直接以试件表面的自然纹理作为标记,避免了对环境的较高要求,容易实现现场测量;③易于实现测量过程的自动化,既不需要胶片记录,回避了烦琐的显定影操作,也不需要进行干涉条纹定级和相位处理,能充分发挥计算机在数字图像处理中的优势和潜力;④与显微设备结合,可在宏观、细观、微观范围内进行测量。

6.7.1　实验目的

(1) 了解数字散斑相关方法测量的基本原理。

(2) 掌握数字散斑相关方法的测量方法和技术。

(3) 掌握数字散斑相关方法的数据处理方法。

6.7.2　实验仪器及其设备

(1) 二维数字图像相关系统。

(2) 1394 图像采集卡及驱动程序。

(3) 演示试件(图 6-29):产生面内位移。

(4) 光纤冷光源。

(5) 计算机。

图 6-29　面内位移试件实物图

6.7.3　实验基本原理

如图 6-30 所示,设以 $P(x,y)$ 为中心的子区在变形后移动到 $P^*(x+u, y+v)$ 位置,即 P 点在子区变形后的位移分别为 u 和 v。$Q(x+\Delta x,y+\Delta y)$ 是子区中的任一点,变形后移动到 $Q^*(x_Q^*,y_Q^*)$,则有

$$\begin{cases} x_Q^* = x + \Delta x + u_Q = x_Q + u_Q \\ y_Q^* = y + \Delta y + v_Q = y_Q + v_Q \end{cases} \tag{6-65}$$

考虑到变形中子区的拉伸和剪切,当 Δx、Δy 足够小时,Q 点的位移 u_Q、v_Q 可以用 P 点的位移和位移的一阶导数近似表示为

$$\begin{cases} u_Q = u + \dfrac{\partial u}{\partial x}\Delta x + \dfrac{\partial u}{\partial y}\Delta y \\ v_Q = v + \dfrac{\partial v}{\partial x}\Delta x + \dfrac{\partial v}{\partial y}\Delta y \end{cases} \tag{6-66}$$

因此,式(6-65)可表示为

$$\begin{cases} x_Q^* = x_Q + u + \dfrac{\partial u}{\partial x}\Delta x + \dfrac{\partial u}{\partial y}\Delta y \\ y_Q^* = y_Q + v + \dfrac{\partial v}{\partial x}\Delta x + \dfrac{\partial v}{\partial y}\Delta y \end{cases} \tag{6-67}$$

由于 Q 点是子区内任一点,如果用 (x,y) 和 (x^*,y^*) 表示子区变形前的任意一点及其对应的变形后的点,用 u、v、$\dfrac{\partial u}{\partial x}$、$\dfrac{\partial u}{\partial y}$、$\dfrac{\partial v}{\partial x}$、$\dfrac{\partial v}{\partial y}$ 表示子区中心点的位移和导数,则式(6-67)可变为

$$\begin{cases} x^* = x + u + \dfrac{\partial u}{\partial x}\Delta x + \dfrac{\partial u}{\partial y}\Delta y \\ y^* = y + v + \dfrac{\partial v}{\partial x}\Delta x + \dfrac{\partial v}{\partial y}\Delta y \end{cases} \tag{6-68}$$

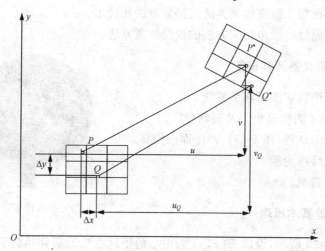

图 6-30　面内变形示意图

可见,子区的位移和变形可以用中心点的位移 u、v 和它的四个偏导数来表示。换句话说,子区中心点的位移和四个偏导数项完全可以描述子区的变形。

既然几个变量就可以描述子区的变形和应变,子区的位移和应变计算就有可能通过各种相关搜索算法,即计算样本子区与目标子区间的相关系数来实现。

相关系数反映了两个子区的相似程度。相关系数越大,两个子区越相似。通过寻找相关系数的峰值来确定待测点 x 方向位移 u 和 y 方向的位移 v。只要样本子区与目标子区相关,相关系数曲面就应为一单峰曲面。测量中采用的相关系数公式如下:

$$c = \frac{\sum\sum[f(x,y) - \overline{f}] \times [g(x+u, y+v) - \overline{g}]}{\left\{\sum[f(x,y) - \overline{f}]^2 \times \sum[g(x+u, y+v) - \overline{g}]^2\right\}^{\frac{1}{2}}} \quad (6\text{-}69)$$

其中, $f(x,y)$ 表示样本子区中某一点 (x,y) 处的灰度值; $g(x+u, y+v)$ 表示目标子区中某一点 $(x+u, y+v)$ 处的灰度值; $\overline{f}$ 和 $\overline{g}$ 分别为样本子区和目标子区的平均灰度值; c 为相关系数。实验证明,式(6-69)可以给出峰值很好的相关系数。通过搜寻相关系数 c 的峰值点位置来确定待测点在 x 方向位移 u 和 y 方向的位移 v。图 6-31 是利用本节介绍的实验系统作出的受压混凝土梁从施压至压力极限的过程图。

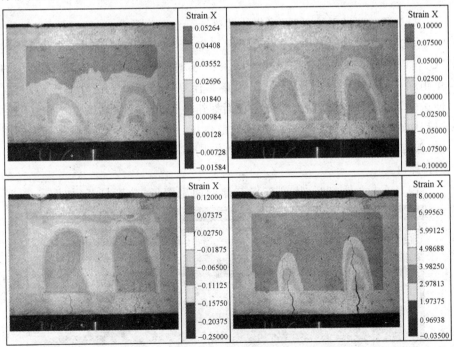

图 6-31　受压混凝土梁从施压至压力极限的过程

6.7.4　实验步骤

（1）如图 6-32 所示，布置各个元器件，搭建实验平台。

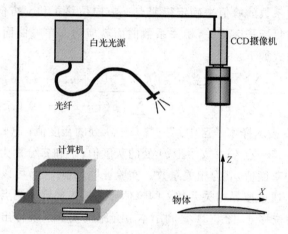

图 6-32　实验装置图

（2）调试测试系统，使得采集的散斑场符合实验要求。

（3）在初始状态时，打开相关图像采集软件，开始镜头调节，单击绿色键"C"，打开 CCD 开始采集图像，并弹出一个实时监控的窗口，通过调节镜头的焦距和光圈，直到图像清晰为止。采集并保存初始状态下试件散斑场图像。使试件发生面内位移，如旋转试件背面螺钮使试件产生旋转变形。在移动的过程中可以人工保存任意选中时刻的散斑场，也可以选择自动保存采集的图像，保存的图像格式为 *.bmp 文件。此时若停止采图窗口，直接用鼠标单击"H"即可。

（4）单击文件打开，找到采集存储的两副图像，分别打开；如图 6-33 所

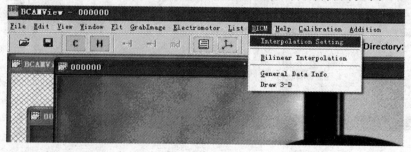

图 6-33

示。单击菜单栏上的"DICM",在跳出的子菜单上选择"Interpolation Setting"图像分析区域的确定,设置完毕后按"OK"确认即可。单击主菜单栏上的"DICM",在下一级菜单中选择"Bilinear Interpolation",分别单击第一幅图和第二幅图,软件会自动计算,计算速度的快慢,取决于计算机的配置;分别单击跳出的窗口中的"确定"键。

（5）计算完毕后,计算结果输出,如图 6-34 所示。

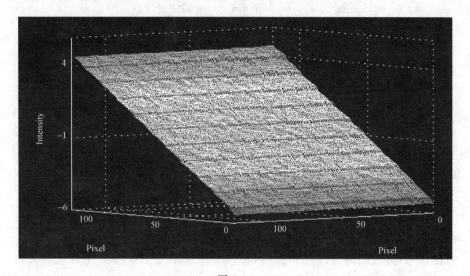

图 6-34

（6）关闭光源,整理仪器。

第 7 章　综合设计实验

7.1　概　　述

设计性实验是指给定实验目的要求和实验条件,由学生自行设计实验方案并加以实现的实验;综合性实验是指实验内容涉及本课程的综合知识或与本课程相关课程知识的实验。根据上述定义,第 5 章介绍的弯扭组合实验、偏心拉伸和压杆稳定实验,由于涉及两种基本变形,也可称为综合性实验。但综合性、设计性以及应用研究性等实验是最近几年提出来的概念,是为加强实验教学培养创新人才,对原有实验教学目标、教学内容和教学方法的更新和拓展。所以这里主要介绍有关院校在这方面进行的一些探索,而不是简单地对实验内容进行归类。

为适应新的实验教学要求,国内各高校,特别是一些重点高校在综合设计性实验和应用研究性实验方面开展了卓有成效的探索工作,总的来看有三个特征:一是实验的综合性得到提高,如包含的基本变形扩展到三种及三种以上,实验对象由简单杆件扩展到桁架、刚架等,使得应力状态更为复杂和不可预见;二是实验工况增加,学生有了更大的选择空间;三是结合生产、生活实际,由学生进行一些应力分析的实验设计或直接组织学生进行结构设计。但由于力学实验加载和测试的特殊性,便于推广的定型产品还很少。本章主要介绍以 XL3418T 材料力学综合设计试验台为平台的设计性实验,以及其他的代表性实验装置。

7.2　XL3418T 材料力学综合设计试验台简介

XL3418T 材料力学综合设计试验台是由青岛理工大学研究设计,秦皇岛市协力科技开发有限公司制造,校企合作开发的具有常规实验和设计功能的材料力学试验台。它以原协力科技公司生产的材料力学多功能试验台为基础,通过嫁接一个创新设计平台,并对原试验台进行重新设计改造完成。它既保留了原试验台的实验功能,又具有了比较强的结构设计和应力分析功能,具有设计功能强、实验功能多、加载测试方便、占用空间小、投资小等有优点。

7.2.1　试验台的构造

　　XL3418T 材料力学综合设计试验台的外形如图 7-1 所示,主要由常规实验平台和创新设计平台两部分组成。在后侧立柱上安装有中空加筋的铸铁支撑横梁。在其前方偏右侧,布置有Ⅰ号加载系统,通过附件换装,可以进行拉伸和压缩实验;在其前横梁的右侧安装有等强度梁固定立柱,在支撑横梁上安装有薄壁扭转圆筒,弯扭组合实验和等强度梁实验共用Ⅱ号加载系统;在支撑

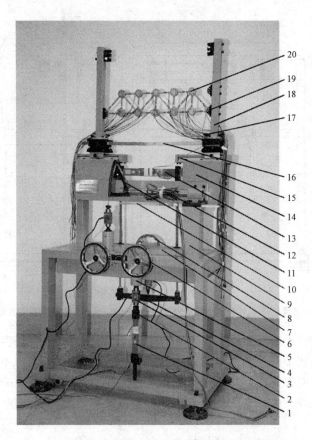

图 7-1　XL3418T 材料力学综合设计试验台

1-拉伸试件;2-拉伸附件;3-荷载传感器;4-下横梁;5-1 号加载系统;6-2 号加载系统;7-附件柜;
8-3 号加载系统;9-等强度梁立柱;10-等强度梁;11-扭转扇臂;12-扭转薄壁圆筒;13-悬臂梁;
14-基座;15-滑轨;16-直梁;17-水平调整螺栓;18-直角刚架;19-支座;20-连接件

横梁内侧的上部有纯弯曲梁支座,其下方的后横梁上安装有Ⅲ号加载系统,以满足上部结构实验的加载要求。

常规实验平台的外形为前低后高的四立柱框架结构,如图 7-2 所示。

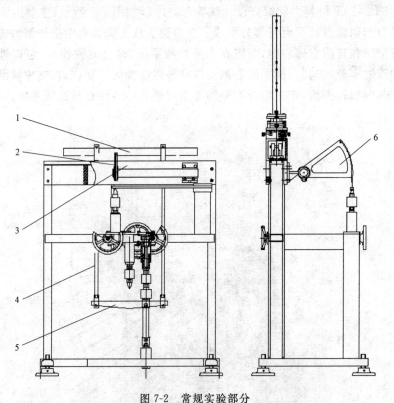

图 7-2　常规实验部分

1-悬臂梁;2-扭转扇臂;3-扭转薄壁圆筒;4-下拉杆;5-下横梁;6-扭转扇臂

创新设计平台及加载系统如图 7-3 所示。它主要是在常规实验平台的加载横梁上加装了两个基座,基座上装有滑轨,滑轨上安装有可以平动和转动的直角刚架。刚架立柱上安装有可以换装的支座,水平部分则是一个套筒,可以安装直梁或等强度梁。试验台为创新实验设计提供的构件如图 7-4 所示,分为三种:

(1) 45°斜杆的桁架设计杆件、连接盘及固定螺栓。

(2) 可以在刚架套筒内推拉伸缩的等截面直梁和等强度梁。

(3) 用以连接组合两个刚架的不同长度的压杆和桁架斜拉杆等。利用该组合设计平台和结构构件可以搭接设计出几十种不同构型的结构。

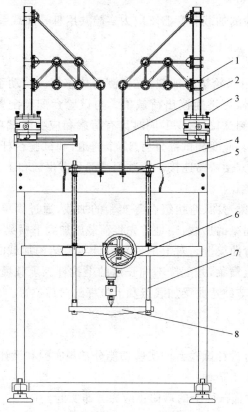

图 7-3 创新设计平台与加载系统

1-支座;2-上拉杆;3-水平调整螺栓;4-上横梁;5-基座;6-3 号加载系统;7-下拉杆;8-下横梁

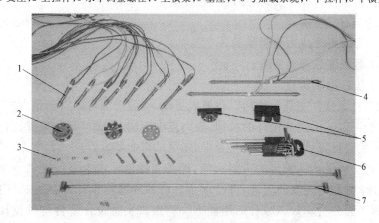

图 7-4 创新试验台的相关构件

1-桁架杆件;2-桁架连盘;3-连接盘螺栓;4-拉杆附件;5-换装支座;6-拆装工具;7-压杆附件

创新设计实验的加载和弯曲正应力实验共用Ⅲ号加载系统。

7.2.2　加载与测试

该试验台采用涡轮蜗杆加载,配备测力传感器。转动手轮,即可实现加载,通过数字显示器可迅速读出荷载值。与试验台配套配置的 XL2118E 型力/应变综合参数测试仪(图 5-9)同时具有荷载和应变测试功能,两套系统独立运行,互不干扰。应变测试部分有 32 个通道,和试验台杆件的应变片之间有即插即用连线,方便桥路连接。荷载测试部分有牛顿和千克两种设置,并有过载保护报警功能。

拉压、等强度梁弯曲、弯扭组合等实验的加载,通过简单的附件换装即可直接实现。纯弯曲梁的加载,则是首先将荷载施加到下横梁上,再经对称的两个下拉杆作用在弯曲梁上。对上部创新设计实验结构加载时,还需在上拉杆的顶部换装一个上横梁,并配接不同长度的上拉杆。承载横梁的背面贴有对称刻度尺,以便调节纯弯曲梁加载点和上拉杆的对称位置。

7.2.3　主要功能

材料力学综合设计试验台的实验功能分常规实验和设计实验两部分。常规实验主要包括以下 7 种:

(1) 纯弯曲梁横截面上的弯曲正应力分布实验。

(2) 电阻应变片灵敏系数的标定。

(3) 材料弹性模量 E,泊松比 μ 的测定。

(4) 偏心拉伸实验。

(5) 弯扭组合应力分析实验。

(6) 等强度悬臂梁实验。

(7) 压杆稳定实验。

如果对试件和加载附件加以改造或更换,实验功能可以得到很大拓宽,如拉伸实验可以扩展到薄壁杆的拉伸、应力集中观测、多种杆端约束的压杆失稳等,弯曲实验可以扩展到叠梁、复合梁、楔型梁弯曲等实验。

设计实验是该试验台的主要功能、优势和特色。它主要是提供一个设计平台,让学生利用配套的附件,自己动手进行各种结构设计,然后进行应力分析,培养工程分析和知识综合运用能力。利用该实验设计平台可以设计出数十种不同的结构形式,归纳起来主要可划分为 3 类:

(1) 静定桁架结构设计与应力分析实验。

（2）超静定桁架结构设计与应力分析实验。

（3）悬臂梁组合或刚架与压杆的组合设计实验等。

实际上，其功能远不止这些。通过增加一些附件，设计功能可以得到进一步拓宽，甚至可以拓宽到三维状态。

7.2.4　操作注意事项

（1）每次实验先将试件摆放好，仪器接通电源，打开仪器预热约 20min。

（2）各项实验不得超过规定的承载最大荷载值。

（3）加载机构作用行程为 50mm，手轮转动快到行程末端时应缓慢转动，以免撞坏有关定位件。

（4）所有实验完毕后，应释放加力机构，拆下试件，以免闲杂人员乱动损坏传感器和有关试件。

（5）蜗杆加载机构每半年或定期加润滑机油，避免干磨损，缩短使用寿命。

7.3　静定桁架结构设计与应力分析实验

桁架由于自身重量轻、承载力大、搭接组合方便等突出优点，在土建、机械、桥梁等工程中是应用十分广泛的一种结构形式。桁架的主要特点是各杆件仅受轴向拉力或压力，但这仅在理想情况下成立。由于实际杆件有初弯曲，杆端连接也有焊接、铆接等多种形式，桁架杆件不是理想的轴向拉压问题。但在工程中为便于分析计算，通常还是简化为轴向拉压问题，忽略弯矩、剪力部分，这就不可避免地在实测与理论计算之间有误差。这里主要介绍平面桁架设计，目的是通过该实验了解桁架的受力特点、分析方法，并对实际桁架有进一步的认识。

7.3.1　实验目的

（1）了解静定桁架结构的受力特点与工程应用。

（2）了解静定桁架不同搭接方式对各杆受力的影响，进一步掌握电测法。

（3）通过实验结果与理论计算的比较分析，认识工程杆件受力的多因素影响。

7.3.2　实验要求

（1）利用试验台配套的杆件和连接件，搭接一个 7 节点悬臂桁架或 12 节点的简支桁架,说明它们的工程背景。

　　(2) 测量各杆件的应变,计算所受的轴力。

　　(3) 选择合适的方法计算各杆轴力并和实测结果对比。

　　(4) 分析误差的原因,提出改进措施。

7.3.3　实验仪器设备和工具

　　(1) XL3418T 材料力学综合设计试验台。

　　(2) 桁架设计杆件、连接件,加载附件等。

　　(3) XL2118 系列力/应变综合参数测试仪。

　　(4) 游标卡尺、钢板尺、扳手等。

7.3.4　实验原理和方法

　　在试验台直角刚架的立柱上设有 3 个支座安装位,其中下方两个是为桁架搭接准备的。试验台提供了两个沿±45°和0°方向开槽的半圆形支座,等角度分布的 8 槽口梅花形连接盘及与之匹配的两种长度的桁架杆件。将半圆形支座安装在立柱上,调整并固定刚架上的两个水平调整螺栓,使得刚架不能转动,便可从两个支座开始依次搭接不同构型和节点数量的悬臂桁架。由于上部支座位到下一个支座的距离刚好为下边两个支座间距的两倍,配合这个支座的使用,可以设计出更多形式的悬臂桁架,图 7-5 为其中的两种形式。

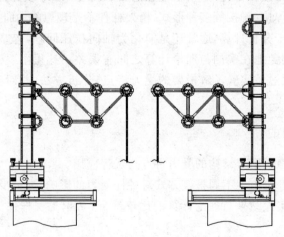

图 7-5　悬臂桁架结构示例

　　如果联合使用左右两个刚架,并适当调整两刚架之间距离,便可设计出各种形式的简支梁桁架或屋架,如图 7-6 所示。

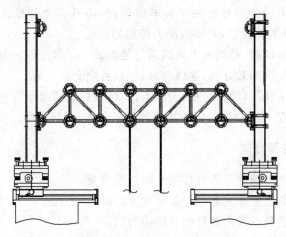

图 7-6　简支桁架结构示例

为了克服试件的初弯曲和连接件的约束影响,在每根桁架杆中间的两侧贴有两个应变片,测量时取两个应变片的平均值为杆件应变值。

加载时,要将刚架推到合适位置并进行固定。由于荷载通过两个对称的下拉杆传递而来,并经上横梁进行分配,设计结构的荷载必须对称施加,即如果是单点加载,必须将加载点推至试验台的正中,如果是两点加载,必须让两个加载点对称。

桁架的内力理论分析采用"节点法"或"截面法"均可。"节点法"从已知力开始,逐个节点分析,直至求出各杆轴力;"截面法"一次可以求得过桁架截面上 3 个杆的截面内力。两个方法的具体介绍查阅有关教科书,不再赘述。

7.3.5　实验步骤

(1) 了解试验台的结构,检查和熟悉各种配件,设计桁架的结构形式和加载方案,并画出简图。

(2) 设计数据记录表格。

(3) 调整刚架姿态,使立柱垂直并加以固定,准备好桁架所需杆件、连接件及所用工具。

(4) 按设计方案安装或换装支座,依次搭接桁架。搭接过程中注意盖好连接件的盖板,在支座处加以固定,防止穿孔螺栓单剪受弯。

(5) 按加载方案设计将刚架推至适当位置,选择合适的上拉杆附件,连接到上横梁上,保证荷载对称。

（6）可以采用公用补偿的半桥单臂接法,将各应变片接入 XL2118E 型力/应变综合参数测试仪,并接入测力传感器。

（7）调整好仪器,检查整个测试系统是否处于正常工作状态。

（8）采用分级加载方式,逐级加载,记录各应变片读数。

（9）作完实验后,卸掉荷载,关闭电源,将设计的桁架小心拆卸,各杆件和零部件整理归位,摆放整齐,将所用仪器设备复原,指导教师检查验收后离开。

7.3.6　实验结果处理

（1）计算增量荷载下各杆件的平均应变增量。

（2）根据胡克定律求各杆增量荷载下的增量应力值。

（3）根据增量荷载求各杆的理论应力值。

（4）分析理论计算和实际测量的误差原因。

（5）提出实验改进建议。

7.3.7　思考题

（1）桁架的连接盘配有盖板,若不使用盖板对实验结果有无影响? 对桁架构件有无损坏?

（2）连接件的螺栓松紧对实验结果有无影响?

7.4　超静定桁架结构设计与应力分析实验

静定结构的内力可由静力学平衡方程完全确定,超静定结构的内力则不能由静力学平衡方程完全确定。原因是超静定结构存在多余约束,使得未知力的数量多于独立的静力平衡方程数。多余约束的个数称为**超静定次数**。根据多余约束发生于结构外部还是内部,超静定问题有外部超静定和内部超静定之分,但解法一样,都需要根据位移条件列出补充方程。

超静定结构存在多余约束是就结构维持几何不变体系所需的最少约束而言,并非结构本身不需要这种约束。相反的是,由于静定结构没有多余约束,只要一个约束出现问题就会导致整个结构的破坏,所以,为了提高结构的安全性,实际工程的重要结构都是超静定甚至是高次超静定结构。但超静定结构和静定结构相比,一个很大的特点是任何一个约束的变形或位移都会对其他杆件内力造成影响,所以内力分析远比静定结构复杂。

7.4.1　实验目的

（1）了解超静定桁架结构的受力特点与工程应用。

（2）掌握桁架结构内力分析的计算方法。

（3）通过实验结果与理论计算的比较分析认识工程杆件受力的多因素影响。

7.4.2　实验要求

（1）采用试验台配套的组合杆件和连接件,搭接一个 1 次超静定桁架,说明应用背景。

（2）测量各杆件的应变,计算所受轴力。

（3）选择合适的方法计算各杆轴力并和实测结果对比。

（4）分析误差的原因,提出改进措施。

7.4.3　实验仪器设备和工具

（1）XL3418T 材料力学综合设计试验台。

（2）桁架设计杆件、连接件,加载附件等。

（3）XL2118 系列力/应变综合参数测试仪。

（4）游标卡尺、钢板尺、扳手等。

7.4.4　实验原理和方法

根据超静定结构的基本概念,只需在静定结构上增加约束即可获得超静定结构。XL3418T 材料力学综合设计试验台提供了多种增加约束的方法,如在立柱上方安装一个±45°槽口的半圆形支座,利用提供的有关拉杆即可对原有的悬臂桁架增计一个约束,如图 7-7 所示。两个刚架联合使用时还可设计出多种超静定结构,如在简支梁桁架的一侧增加一个水平杆构成一次超静定,两侧都增加水平杆就构成二次超静定,还可利用立柱上方的支座用斜拉杆增加约束,如图 7-8 所示。

但超静定结构的内力分析因为涉及节点的位移边界条件,不像静定结构那样简单。在结构不太复杂,超静次数不高时,可以采用卡氏第二定理或单位力法计算。

根据卡氏第二定理,线弹性杆件或杆系的应变能 V_ε 对于作用在该杆件或杆系上的某一荷载的偏导数等于与该荷载相应的位移。

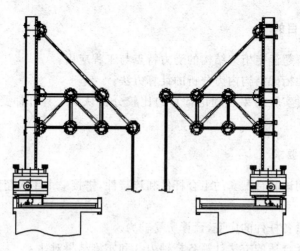

图 7-7　超静定悬臂桁架

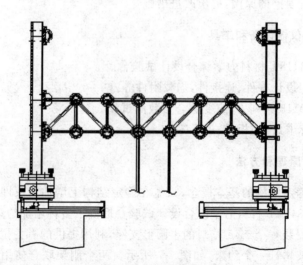

图 7-8　超静定桁架

$$\Delta_i = \frac{\partial V_\varepsilon}{\partial F_i} \qquad (7\text{-}1)$$

其中，F_i 和 Δ_i 分别为广义力和广义位移，即 F_i 可为集中力、力偶、一对力或一对力偶，Δ_i 则为相应的线位移、角位移、相对线位移和相对角位移。

设桁架各杆的轴力为 N_j，杆长为 L_j，弹性模量 E，各杆截面积相同，均为 A，因为

$$V_\varepsilon = \sum_{j=1}^{n} \frac{N_j^2 L_j}{2EA} \tag{7-2}$$

实际计算时可以先微分再求和,即

$$\Delta_i = \frac{\partial V_\varepsilon}{\partial F_i} = \frac{\partial}{\partial F_i} \sum_{j=1}^{n} \frac{N_j^2 L_j}{2EA} = \frac{1}{EA} \sum_{j=1}^{n} N_j L_j \frac{\partial N_j}{\partial F_i} \tag{7-3}$$

由于 $\dfrac{\partial N_j}{\partial F_i}$ 相当于 $F_i = 1$、其他外力为零时第 j 杆的轴力,令 $\overline{N}_j = \dfrac{\partial N_j}{\partial F_i}$,就得

到单位力法的位移计算公式

$$\Delta_i = \frac{1}{EA} \sum_{j=1}^{n} \overline{N}_j N_j L_j \tag{7-4}$$

其中,N_j 为实际荷载引起的各杆轴力;$\overline{N}_j$ 为在求位移处沿位移方向施加单位力时各杆的轴力。

对于超静定结构,可以将多余约束解除,用反力 F_i 代替约束的作用,将结构看成在已知外力和多余约束反力 F_i 共同作用下的问题。根据边界条件,如 $\Delta_i = 0$,利用式(7-4)列出方程即可求出 F_i,再利用静力平衡条件可求出其他各杆轴力。

但是当结构节点较多或超静次数较高时,手工计算工作量较大,建议使用合适的计算软件,进行数值计算。

7.4.5　实验步骤

(1) 根据试验台提供的各种附件和试验台结构,设计一次超静定结构的形式和加载方案,并画出简图。

(2) 设计数据记录表格。

(3) 调整刚架姿态,使立柱垂直并适当固定,准备好结构所需杆件、连接件及所用工具。

(4) 按照静定桁架搭接的有关方法,首先搭接出静定桁架,再按设计方案搭接上多余约束。搭接静定结构时注意连接件的固定不要太紧,以免搭接多余约束时困难。

(5) 超静定结构搭接好后,调整有关连接的松紧,消除多余间隙,使刚架立柱处于垂直状态并固定。

(6) 按静定桁架设计的有关步骤,调整好结构的加载位置,安装好加载附件,接好桥路,进行加载测试。

(7) 关闭电源,拆卸桁架,各杆件和零部件整理归位,摆放整齐,将所用仪器设备复原,指导教师检查验收后离开。

7.4.6　实验结果处理

（1）计算增量荷载下各杆件的平均应变增量,并根据胡克定律求各杆的相应增量应力值。

（2）选择有关方法计算各杆的理论应力值。

（3）求出各杆理论计算和实际测量的轴力差。

（4）讨论造成误差的原因,分析结构内力变化的影响因素。

7.4.7　思考题

（1）进行桁架结构分析时,经常发现"零"杆,即轴力为零的杆件,"零"杆是否多余,是否可以去掉?

（2）超静定结构加载偏小时可能会有较大误差,哪些原因可能会引起这种误差?

7.5　刚架组合设计与应力分析实验

桁架是细长杆件系统的理想简化模型,真正满足简化条件的桁架并不多见,工程上更多采用的是刚架。刚架与桁架相比,主要特征是杆端连接为刚接点,不允许转动,因而能够承受横向力。该实验包括了两个刚架之间的静定与超静定压杆组合,两个悬臂梁之间的超静定组合等结构构型设计,也可以和桁架设计结合做出更为复杂的结构。通过该实验,可以加深对刚架结构、压杆结构等复杂结构受力与承载能力的认识,提高知识综合运用能力。

7.5.1　实验目的

（1）认识超静定组合刚架的受力特点与工程应用。

（2）对压杆结构的承载能力有进一步的认识。

（3）了解和掌握超静定组合刚架的内力分析和超静定压杆结构的承载力分析方法。

（4）通过实验结果与理论计算的误差分析,了解刚架内力的影响因素。

7.5.2　实验要求

（1）采用试验台配套的直梁、压杆和连接件,搭接一个超静定组合结构,说明应用背景。

（2）测量直梁和压杆的应变，计算截面内力。

（3）分析超静次数，选择合适的方法计算直梁的截面内力及压杆的临界力。

（4）比较理论与实测结果，分析误差影响因素。

7.5.3　实验仪器设备和工具

（1）XL3418T 材料力学综合设计试验台。

（2）直梁、压杆、加载附件等。

（3）XL2118 系列力/应变综合参数测试仪。

（4）游标卡尺、钢板尺、扳手等。

7.5.4　实验原理

XL3418T 材料力学综合设计试验台提供了可以装配于刚架套筒中的三根梁：两根等截面直梁，一根等强度梁，并在自由端设计好了对接连接孔。若将两个刚架固定，装上一根直梁、一根等强度梁，不对接，则可构成两个独立的普通悬臂梁和等强度梁实验；若将它们对接，中间加载，则构成一次超静定组合梁；如果将一侧的固定解除，允许立柱转动，在立柱上换上合适的支座，装上一根压杆，就成为静定刚架与压杆的组合；装上两根压杆，则成为一次超静定刚架与压杆组合（图 7-9）；如果在两个刚架间再做出桁架，则可设计出更为复杂的结构形式。因此，利用刚架、压杆可做出多种刚架内力分析和压杆刚架承载力分析的实验。

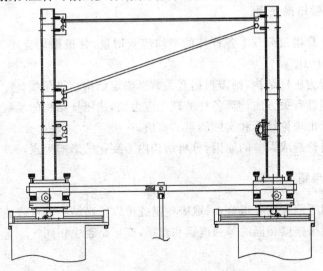

图 7-9　超静定刚架与压杆组合

对于刚架的内力计算,若两个组合梁为等截面直梁,结构不复杂,可以采用叠加法。如果一根采用等强度梁,则须采用能量法。注意到等强度梁为变截面梁,其变形能计算式为

$$V_\varepsilon = \int_l \frac{M^2(x)\mathrm{d}x}{2EI(x)} \tag{7-5}$$

即须将截面惯性矩表达为轴线坐标的函数。当结构比较复杂时,需要用数值法计算。

7.5.5　实验步骤

(1) 根据试验台提供的各种附件和试验台结构,选择设计目标,画出相应的设计简图。

(2) 制定加载与测试方案,设计数据记录表格。

(3) 调整刚架的固定方式,满足构件约束要求。

(4) 安装直梁或悬臂梁,利用合适的支座、压杆或桁架杆件,搭接出设计结构,消除多余间隙,调整好连接的松紧和整体状态。

(5) 接好应变测试桥路和荷载传感器连线,调整好仪器的状态。

(6) 分级加载和测试,读取数据。

(7) 关闭电源,拆卸桁架,各杆件和零部件整理归位,摆放整齐,将所用仪器设备复原,指导教师检查验收后离开。

7.5.6　实验结果处理

(1) 计算增量荷载下各杆件的平均应变增量,并根据胡克定律求各杆的相应增量应力值。

(2) 若为压杆结构,则需根据有关数据确定结构临界荷载。

(3) 选择有关方法计算各杆的理论应力值,或压杆结构的承载力。

(4) 求出理论计算和实际测量的差值。

(5) 讨论造成误差的原因,分析结构内力变化的影响因素。

7.5.7　思考题

(1) 对于刚架压杆组合,采取哪些措施可以提高结构的承载能力?

(2) 对于强度相同的等强度梁和直梁,变形是否也相同?

7.6 薄壁构件拉伸实验

薄壁构件主要指直角等边或不等边、工字型、槽型、H 型、薄壁圆筒或方筒等钢材或轻质合金材料的型材。这些构件因其具有强度高、重量轻、造价低等特点,在建筑结构和桥梁工程中得到广泛应用。但由于结构的复杂多样性和连接方式的不同,薄壁构件即使作为桁架拉杆使用,也难以做到轴向拉伸,在压缩情况下还有稳定性问题。薄壁构件的拉伸实验,因为取材方便,加工简单,可以设置多个加载点,能够做出多种组合的综合性甚至设计性实验,已在很多高校采用。这里介绍的是等边角钢拉伸实验,也有不少高校采用槽钢或 H 型钢,实验原理都一样。

7.6.1 实验目的

(1) 研究薄壁构件承载能力与荷载作用点、大小和方向的关系。
(2) 应用叠加原理,计算偏心拉伸下薄壁构件的组合应力,并与实验测试结果进行比较。

7.6.2 实验要求

(1) 设计最简单的加载方式,通过实验确定试件的形心位置。
(2) 分析计算沿角钢不同加载点组合拉伸时,它的承载力的差异。
(3) 实验测试各种工况下试件中间的变形情况,并与理论计算比较。

7.6.3 实验仪器设备和工具

(1) 电子或液压万能试验机及角钢试件加载附件。
(2) 静态电阻应变仪。
(3) 游标卡尺、钢尺。

7.6.4 实验原理

实验试件采用 $56 \times 56 \times 4$ 等边角钢,弹性模量 $E = 200\text{GPa}$,$I_{x_0} = 20.92\text{cm}^4$,$I_{y_0} = 5.46\text{cm}^4$,$A = 4.39\text{cm}^2$,$y_C = 1.53\text{cm}$,截面形状与坐标关系如图 7-11 所示。其中 x_0、y_0 为截面的形心主轴。

在横截面对称于 x_0 轴的两侧,各贴 3 个应变片,顶角贴一个应变片,共 7 个应变片,贴片的位置如图 7-10、图 7-11 所示。试件的两端用足够强度和刚

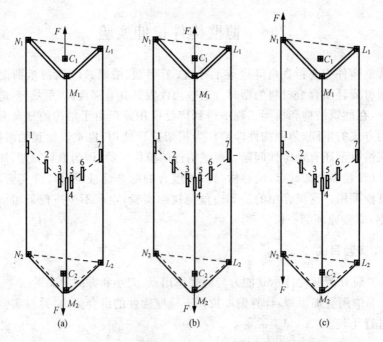

图 7-10　角钢试件三个不同作用点的拉伸

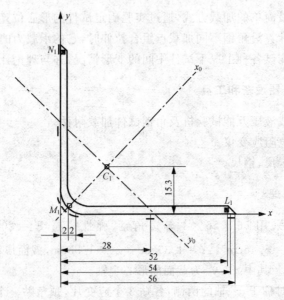

图 7-11　截面尺寸及测点位置

度的钢板固定,在形心(C_1、C_2)、两个侧边(L_1、L_2,N_1、N_2)和顶边(M_1、M_2)共设了 8 个加载孔。

实验时,选择的加载点不同,角钢的截面应力分布不同,但当沿与轴线平行的方向加载时,都为偏心拉伸的组合变形,横截面上的正应力计算式为

$$\sigma = \frac{F}{A} \pm \frac{M_{x_0} y_0}{I_{x_0}} \pm \frac{M_{y_0} x_0}{I_{y_0}} \tag{7-6}$$

其中,(x_0,y_0)为截面上一点相对于形心主轴的坐标,需要根据测点的(x,y)坐标,利用三角变换计算。

7.6.5 实验步骤

(1) 选择实验内容,设计加载方案。

(2) 用游标卡尺测量试件截面尺寸及各加载螺孔位置的尺寸,并检查应变片的位置和状况。

(3) 根据加载方案,安装试件。

(4) 采用半桥单臂公用补偿桥路,将各应变片连接到应变仪上,调好状态。

(5) 分级加载:每次增加 5kN,读取各应变片读数,加载四五次。

(6) 变换工况,重复上述步骤。

(7) 测毕,关闭万能机和应变仪电源,拆下接线,整理现场。

7.6.6 数据处理

(1) 根据各测点的各级增量应变,计算平均增量应变。

(2) 根据胡克定律计算各测点的增量应力。

(3) 根据分级荷载,计算各测点的理论应力值。

(4) 比较理论与实测的误差,分析原因。

7.6.7 思考题

(1) 在弹性范围内,如何应用叠加原理分析计算拉伸时试件的承载能力?

(2) 如何分离试件承受的轴向拉应力和弯曲应力?

第 8 章　材料试验机

8.1　概　　述

材料试验机是检测材料拉伸、压缩、扭转、冲击、疲劳等力学性质的主要加载和测试通用设备,不仅广泛用于材料性质和质量检测,也成为力学实验教学的主要设备。通过力学实验了解有关材料试验机的原理和使用是本课程的主要任务之一。

材料试验机种类繁多,除了按检测的力学性质不同有万能试验机、扭转试验机、冲击试验机、疲劳试验机、流变试验机等分类外,根据检测材料的不同和产品形式不同,如钢材、木材、橡胶、塑料、电线电缆、卷材、丝织物、线材等,又有许多专用检测设备。材料试验机是坚固耐用设备,若保养维护好,硬件设备可以使用几十年不坏,好多大学仍在使用几十年前的试验机就是这个原因。

这里主要介绍配置比较普遍、与力学实验教学密切相关的材料万能试验机和材料扭转试验机,以常见型号为主,新老设备兼顾。冲击试验机和疲劳试验机第 4 章已有介绍,本章不再赘述。

8.2　液压式万能材料试验机

检测材料拉伸和压缩力学性质的静载试验机按加载原理和方式的不同分为液压式和机械式两类。液压万能试验机是以液体压力为加载方式的试验机。这种试验机因为通过摆锤的偏转测定荷载大小,过去又被称为摆锤式万能试验机。称为"万能试验机"是因为通过配置一定的加载和测试等附件,可以兼做弯曲、剪切等实验,实际上它主要是一种拉伸和压缩实验设备。应该指出的是,现在的液压万能试验机已经超出摆锤式万能试验机的范围,发展到了屏显、微机控制等新型设备阶段。因为摆锤式万能试验机仍在很多高校和企业使用,这里予以介绍。

摆锤式万能试验机的代表是 WE 系列产品,如图 8-1 所示。它主要由加载系统和测力系统两部分组成。

图 8-1　WE 型液压万能机外观

8.2.1　加载系统

如图 8-2 所示,摆锤式万能试验机的右侧部分为加载系统部分。在底座 1 上由两根固定立柱 2 和固定横梁 3 组成承载框架。工作油缸 4 固定于框架上。在工作油缸的活塞 5 上,支承着由上横梁 6、活动立柱 7 和活动平台 8 组成的活动框架。当油泵 16 开动时,油液通过送油阀门 17,经送油管 18 进入工作油缸,把活塞 5 连同活动平台 8 一同顶起。这样,如把试样安装于上夹头 9 和下夹头 12 之间,由于下夹头固定,上夹头随活动平台上升,试样将受到拉伸。若把试样置放于两个承压垫板 11 之间,或将受弯试件置放于两个弯曲支座 10 上,则因固定横梁不动而活动平台上升,试样将分别受到压缩或弯曲。此外,实验开始前如欲调整上、下夹头之间的距离,则可开动电机 14,驱动螺杆 13,便可使下夹头 12 上升或下降。但电机 14 不能用来给试样施加压力。

8.2.2　测力系统

测力系统主要集中在试验机的左侧。加载时,开动油泵电机,打开送油阀 17,油泵把油液送入工作油缸 4 顶起工作活塞 5 给试样加载;同时,油液经回油管 19 及测力油管 21(这时回油阀 20 是关闭的,油液不能流回油箱),进入

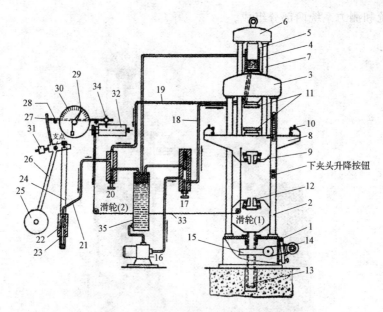

图 8-2　WE 型液压万能机结构简图

1-底座;2-立柱;3-固定横梁;4-工作油缸;5-工作活塞;6-上横梁;7-活动立柱;8-活动平台;
9-上夹头;10-弯曲支座;11-承压垫板;12-下夹头;13-螺杆;14-下夹头升降电机;15-涡轮蜗杆;
16-油泵;17-送油阀;18-送油管;19-回油管;20-回油阀;21-测力油管;22-测力油缸;23-测力活塞;
24-拉杆;25-摆锤;26-摆杆;27-推杆;28-齿杆;29-示力指针;30-示力度盘;31-平衡铊;32-液筒;
33-拉绳;34-绘图笔;35-油箱

测力油缸 22,压迫测力活塞 23,使它带动拉杆 24 向下移动,从而迫使摆杆 26
和摆锤 25 联同推杆 27 绕支点偏转。推杆偏转时,推动齿杆 28 做水平移动,
于是驱动示力度盘的指针齿轮,使示力指针 29 绕示力度盘 30 的中心旋转。
示力指针旋转的角度与测力油缸活塞上的总压力(即拉杆 24 所受拉力)成正
比。因为测力油缸和工作油缸中油压压强相同,两个油缸活塞上的总压力成
正比(活塞面积之比)。这样,示力指针的转角便与工作油缸活塞上的总压力,
亦即试样所受荷载成正比。经过标定便可使指针在示力度盘上直接指示荷载
的大小。

　　试验机一般配有重量不同的摆锤,可供选择。对重量不同的摆锤,使示力
指针转同样的转角,所需油压并不相同,即荷载并不相同。所以,示力度盘上
由刻度表示的测力范围应与摆锤的重量相匹配。以 WE-300 试验机为例,它
配有 A、B、C 三种摆锤。摆锤 A 对应的测力范围为 0～100kN,A+B 对应0～
200kN,A+B+C 对应 0～300kN。

开动油泵电机,送油阀开启的大小可以调节油液进入工作油缸的快慢,因而可用以控制增加荷载的速度。开启回油阀 20,可使工作油缸中的油液经回油管 19 泻回油箱 35,从而卸减试样所受荷载。

实验开始前,为消除活动框架等的自重影响,应开动油泵送油,将活动平台略微升高。然后调节测力部分的平衡铊 31,使摆杆保持垂直位置,并使示力指针指在零点。

试验机上一般还有自动绘图装置。它的工作原理是,活动平台上升时,由绕过滑轮(1)和(2)的拉绳 33 带动滚筒 32 绕轴线转动,在滚筒圆柱面上构成沿周线表示荷载的坐标。这样,实验时绘图笔 34 在滚筒上就可自动绘出载荷-位移曲线。当然,这只是一条定性曲线,不是很准确。

8.2.3　操作注意事项

(1) 根据试样尺寸和材料,估计最大荷载,选定相适应的示力度盘和摆锤重量。需要自动绘图时,事先应将滚筒上的纸和笔装妥。

(2) 先关闭送油阀及回油阀,再开动油泵电机。待油泵工作正常后,开启送油阀将活动平台上升约 1cm,以消除其自重。然后关闭送油阀,调整示力度盘指针,使它指在零点。

(3) 安装拉伸试样时,可开动下夹头升降电机以调整下夹头位置,但不能用下夹头升降电机给试样加载。

(4) 缓慢开启送油阀,给试件平稳加载。应避免油阀开启过大进油太快。实验进行中,注意不要触动摆杆或摆锤。

(5) 实验完毕,关闭送油阀,停止油泵工作。破坏性实验先取下试样,再缓缓打开回油阀将油液放回箱。非破坏性实验,应先开回油阀卸载,才能取下试样。

8.3　电子万能试验机

电子万能试验机是机械技术、传感器技术、电子测量、控制与数据处理技术相结合的新型万能试验机,其突出特点是实验过程可由计算机控制,能自动、精确地测量、控制和显示试验力、位移和变形,但就加载方式而言,属于机械式。目前,300kN 以下的小吨位万能机试验机基本被电子万能机所取代。不同厂家生产的电子万能试验机在结构形式、使用功能、操作界面上有所不同,但基本组成大致相同。下面主要以国产 CSS-88200 型 200kN 电子万能试验机为例,介绍其基本组成、原理和使用。

8.3.1　试验机组成与工作原理

　　CSS-88200 电子万能试验机由主机、计算机、打印机及板卡测量控制系统四部分组成(图 8-3)。

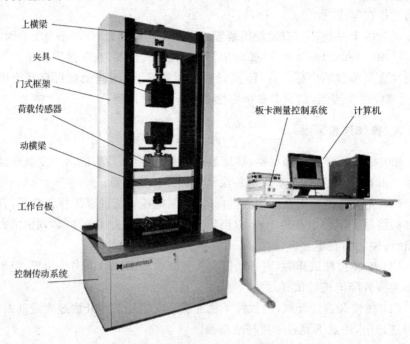

上横梁
夹具
门式框架
荷载传感器
动横梁
工作台板
控制传动系统
板卡测量控制系统　　计算机

图 8-3　CSS-88200 电子万能试验机外观与组成

　　主机为加载系统。上横梁、四根立柱和工作台板共同组成门式框架,动横梁将门式框架分成拉、压(或弯曲)两个实验空间。拉伸夹具安装在活动横梁与上横梁之间,压缩和弯曲辅具安装在活动横梁与工作台板之间。两丝杠穿过动横梁两端并安装在上横梁与工作台板之间。工作时伺服电机驱动固定在工作台板上的机械传动减速器,带动丝杆传动,驱使动横梁上下移动,从而实现对试样的加载。

　　测量控制系统负责数据测量与实验控制。数据测量包括荷载测量、试件变形测量和动横梁的位移测量三部分,试样受力变形时通过负荷传感器、引伸计分别把机械量转变为电压信号,直接在显示屏上以数字量显示实验力、试样变形和横梁位移,并自动绘出实验力-变形或实验力-位移曲线。实验控制可控制动横梁升降、速度快慢、急停等,可由手控盒和电脑分别实现控制。手控盒外形如图 8-4 所示,手轮可以进行速度快慢调整,上升、下降按钮控制动横梁移动方向。

手轮
上升
停止
下降

图 8-4　手控盒

8.3.2　控制软件

TestExpert. NET 软件是电子万能、电液伺服等试验机的通用实验程序,通过与测量控制系统进行通信实现对实验过程的控制和数据采集。其主界面包括实验操作、方法定义、数据处理。具体使用及功能说明如下。

(1) 实验操作界面:开启计算机,双击桌面上"TestExpert. NET"图标可直接进入实验操作界面(图 8-5)。本界面右上侧区域的输入表用于显示、编辑各种参数,实验状态下本区域用于绘制实时曲线;左侧为一组实验按钮,用于实验控制,各按钮的功能如图 8-5 所示;下侧为各通道显示窗口,可实时显示实验过程中的荷载、位移、变形、应力等。

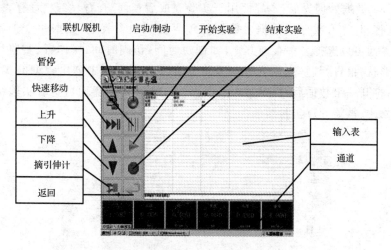

联机/脱机　启动/制动　开始实验　结束实验

暂停
快速移动
上升
下降
摘引伸计
返回

输入表
通道

图 8-5　TestExpert. NET 操作界面

(2) 方法定义界面:本界面包含了基本设置、设备及通道、控制与采集三个子界面。其中,基本设置界面可以设置方法类型(拉伸、压缩、弯曲等)、是否按标准修约、试样截面形状和尺寸、选择计算项目、计算方法、复查曲线设置、打印文档、报告标题、是否统计等等,如图 8-6 所示;设备及通道界面可以设置设备参数,是否使用引伸计以及引伸计的参数设计,设置通道参数等;控制与采集界面可以设置实验速度、系统清零、调节间隙预负荷、断裂检测、激活返回、设置通道显示窗口及实时曲线。

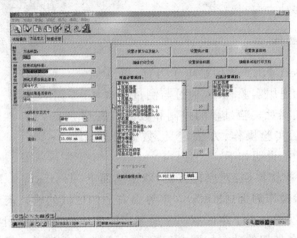

图 8-6　基本设置界面

(3) 数据处理界面:本界面用于实验完成后查询、查看、修改、计算、删除、存储、打印、导入或导出数据。数据处理界面又包含查询、数据两个子界面。查询界面可以选择各种查询方式,如创建时间、访问时间、操作者、实验类型、试样形状、报告标题等(图 8-7)。查询后在左侧列表框中列出查询的实验数据名;打开一组数据后,程序进入数据界面(图 8-8),本界面可查看实验结果,并可修改、重新计算实验结果。

图 8-7　查询界面

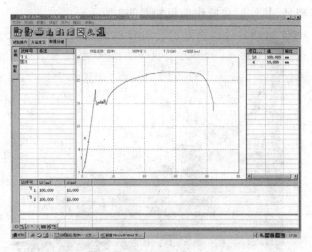

图 8-8　数据界面

8.3.3　操作注意事项

（1）开机前必须先把位移行程限位保护装置调整好，以保证动横梁不与上横梁或工作台相碰。

（2）荷载、变形测量仪器应预热 30min 后再开机实验。

（3）拉伸夹具加持试件部分的长度不得少于夹块长度的 80%。

（4）由于电器初始化的原因，开机、关机时要注意顺序。开机顺序为：试验机—计算机—打印机；关机顺序为：试验机—打印机—计算机。

（5）实验过程中若出现异常情况，应迅速按急停按钮，查找原因。

8.4　扭转试验机

扭转试验机是专门用来对试样施加外力扭矩，并能测试扭矩大小的专用设备，主要用于测定金属或非金属试样受扭时的力学性能。该设备的虽然类型很多，机构形式也各有不同，但高校普遍使用的主要是老式的 NJ 系列扭转试验机和目前流行的电子扭转试验机，本节主要介绍 NJ-100B 型扭转试验机的结构及工作原理。这种扭转试验机主要由加载系统、测力系统和记录装置三部分组成。它采用伺服直流电机加载，杠杆电子自动平衡测力和可控硅无级调速控制加载速度，具有正负反向加载，精度较高，速度较宽等优点，在 20 世纪 80 年代和 90 年代初属于比较先进的试验机，有 200N·m、500N·m、

1000N·m 等型号,其外形和操作面板如图 8-9 所示。

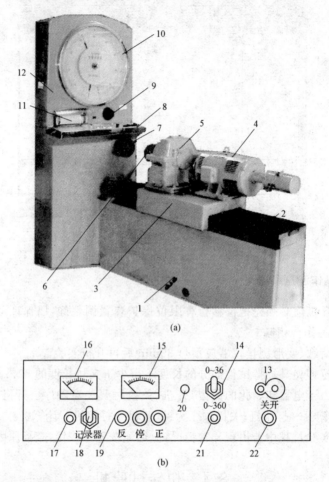

(a)

(b)

图 8-9　NJ 型扭转试验机外观和操作面板示意图

1-机座;2-导轨;3-溜板;4-直流电机;5-减速箱;6-夹头;7-夹头;8-操作面板;9-量程选择旋钮;
10-示力度盘;11-记录器;12-微调轮;13-电源;14-转速选择开关;15-加载速度表;16-电源表;
17-指示灯;18-记录开关;19-按钮;20-复位;21-电位器;22-指示灯

8.4.1　加载系统

如图 8-9(a)所示,安装于溜板 3 上的加载机构用滚珠轴承支撑于导轨 2 上,可自由滑动。直流电机 4 通过减速箱 5 的两级减速带动夹头 6 转动,从而对安装于夹头 6 和 7 间的试样施加扭矩。面板上按钮 19 控制试验机的正、反加载和停车。加载速度分 0~36°/min 和 0~360°/min 两档,由转速选择开关 14 选择,多圈电位器 21 调节。

8.4.2　测力系统

测力机构为杠杆电子自动平衡系统,如图 8-10 所示。由夹头 32 传递来的扭矩 T 转动杠杆 27(或反向杠杆 26),带动支点杠杆 30,使拉杆 10 以 P 力作用

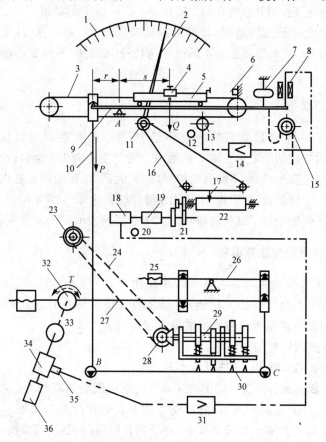

图 8-10　扭转试验机结构简图

1-示力度盘;2-指针;3-钢丝;4-调整板;5-游铊;6-限位开关;7-弹簧;8-差动变压器;9-平衡杠杆;
10-拉杆;11-绳轮;12-反馈电位器;13-伺服电机;14-放大器;15-微调轮;16-钢丝;17-记录笔;
18-伺服电机;19-自整角变压器;20-电位器;21-齿轮;22-记录筒;23-量程选择旋钮;24-链条;
25-平衡铊;26-反向杠杆;27-杠杆;28-锥齿轮;29-凸轮轴;30-变支点杠杆;31-放大器;32-夹头;
33-主动夹头;34-减速箱;35-自整角发送机;36-直流电机

于平衡杠杆 9 上,平衡杠杆绕支点转动,右端上翘推动差动变压器 8,变压器铁心因位移发出的信号经放大器 14 使伺服电机 13 转动,拖动钢丝 3 拉着游铊 5 移动,直到游铊的重力 Q 对支点的力矩 $Q \cdot s = P \cdot r$ 时,平衡杠杆恢复为水平平衡位置,差动变压器铁心回到初始位置,无信号输出,伺服电机停止转动。可见扭矩 T 的大小与通过杠杆传递的拉力 P 成正比,而 P 又与游铊的位移 s 成正比。游铊的移动经钢丝 3 带动绳轮 11 和指针 2 旋转,旋转的角度自然正比于游铊的位移 s。经过标定,指针便可在示力度盘 1 上指示出 T 的数值。

当需要变换示力度盘时,转动量程选择旋钮 23,经链条 24 和锥齿轮 28 带动凸轮轴 29,使凸轮轴上的不同凸轮与杠杆 30 上的不同支点接触,以改变测力范围。

8.4.3　记录装置

图 8-10 中,绳轮 11 旋转时,通过钢丝 16 带动记录笔 17 沿记录筒 22 的轴线方向移动,按比例地记录扭矩 T 的数值。随着主动夹头 33 的转动,装于减速箱 34 的自整角发送机 35 不断发出信号,经放大器 31 驱动伺服电机 18 带动自整角变压器 19 转动,通过齿轮 21 使记录筒旋转。这样,记录笔沿记录筒圆周方向移动,按比例地记录了试样的扭转角 ϕ,于是得到表示 T 与 ϕ 的关系曲线。

8.4.4　操作规程与注意事项

(以下无特殊说明均对应图 8-10 中图注。)

(1) 估计实验所需最大扭矩,转动量程选择旋钮选择适用的示力度盘。一般使示力度盘的量程比实验所需最大扭矩约大 20%。

(2) 根据试样的头部形状,在夹头上安装适用的钳口。先把试样夹紧于夹头 32 中,再移动夹头 33 把试样夹紧。

(3) 把转速选择开关 14(图 8-9(b))置于所需的速度档上。将调速电位器 21(图 8-9(b))左旋到底(以防启动加载开关时产生冲击力矩),接通电源,检查指针 2 是否指零。如偏离较多,打开其背面箱门,移动调整板 4 使指针大致指零,再用微调轮 15 使指针指零。如指针在调整中不灵敏或有振荡现象,应调整伺服电机 13 旁边的反馈电位器 12 使恢复正常。

(4) 需自动绘制 T-ϕ 图时,装好记录笔和记录纸,并借助齿轮 21 选择合适的记录速度,打开记录开关 18(图 8-9(b))。检查记录笔在记录纸上的位置是否适宜,如需调整可拉动钢丝 16。记录笔有振荡现象,可调节伺服电机 18 旁的电位器 20 使其停止振荡。

（5）加载时按下开关 19（图 8-9（b））的正（或反）按钮，以顺时针方向缓慢转动调速电位器 21（图 8-9（b）），使直流电机按要求的速度对试样加载。最大加载电流不应超过 10A。加载开始后不能再转动量程选择旋钮。

（6）实验完毕立即按下停止开关。破坏性实验可即切断电源取下试样；非破坏性实验经反向卸载后取下试样。

8.5　电子扭转试验机

电子扭转试验机和电子万能试验机一样，也是集电子信息、测控、计算机等先进技术为一体的新型设备。它具有微机控制、自动测量和显示、精度高、调速宽、运行平稳可靠等突出优点，配备扭转计附件，还可自动测量剪切模量、规定非比例扭转应力等，现已成为扭转试验机的主流产品，老式扭转试验机则逐步淡出市场。电子扭转试验机的组成、样式、控制操作方式等不同的厂家有所区别，但基本组成大致相同，这里主要介绍国产 NDW30000 微机控制扭转试验机。

8.5.1　结构组成与工作原理

NDW30000 微机控制扭转试验机如图 8-11 所示，结构组成如图 8-12 所示，由加载、控制、测力、测角和显示等几部分组成。

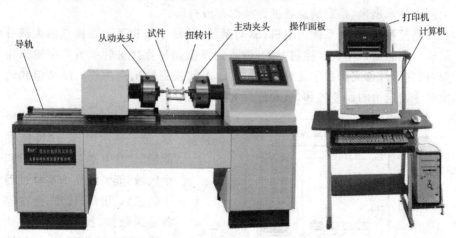

图 8-11　NDW30000 微机控制扭转试验机

加载系统：以松下伺服电机为动力源，通过皮带传动和减速器减速，将动力传到主轴，使夹头旋转，对试样施加扭矩。试验机的正反加载和停车，可按

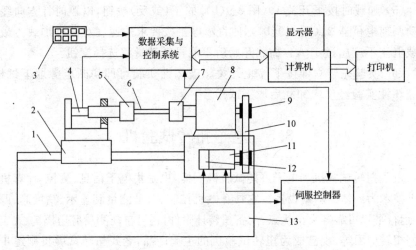

图 8-12　电子扭转试验机的结构原理示意图

1-导轨；2-移动座；3-手控键盘；4-扭矩传感器；5-从动夹头；6-扭转试样；7-主动夹头；

8-减速机；9-带轮；10-传动带；11-伺服电机；12-光电编码器；13-底座

显示器的标志按钮。试验机具有较宽的调速范围。无级调速 0°～360°任意角度可调。

　　测力单元：夹头传来的力矩经传感器处理后输出，在液晶显示器和计算机上同步显示出来，根据满意程度选择保存或打印。

　　测控系统：控制系统由电机、驱动系统、控制主板和显示面板等四大部分组成。控制器采用数字控制方式，输入的反馈信号直接被转换为数字输出命令，偏差信号也完全数字化计算，经由 P/A 转换器输出到功放。反馈值和输出命令给定值的误差的和，被功放放大并驱动电机。

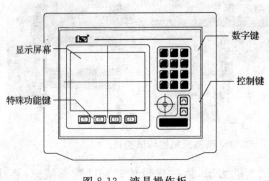

图 8-13　液晶操作板

液晶操作板如图 8-13 所示，分"显示屏幕"、"特殊功能键"、"数字键"，"控制键"四个区域，能实时显示实验过程中的扭矩、扭角、转角、速度等各通道数据、控制状态、特殊功能键的功能提示、以及各控制参数等。

　　转角测量：光电编码器和传动系统组成的转角测量单

元,能把移动横梁的转角量及时显示出来。光电编码器将编码器的角转角转换成直线转角。因编码器的角转角与输出的脉冲数成正比,只要识别脉冲数也就知道了转角的大小。光电编码器输出的脉冲经整形电路整形后输入给计算机,计算机将接收到的脉冲信号进行计数、方向识别和处理后,再将结果送到显示器显示。

　　扭角测量:扭角测量用的是扭角式引伸计,它由弹性元件和粘贴在它上面的扭角片组成。当引伸计移动臂受力时,引起弹性体扭角并使粘贴在它上面的扭角片电阻值发生变化,原来平衡的电桥输出一个正比于扭角的电压信号,经由 A/D 转换器放大和转换,送到单片计算机进行处理,以直读的方式进行显示,并传输到计算机,进行数据处理。

8.5.2　操作和注意事项

　　NDW30000 微机控制扭转试验机的操作可以通过液晶显示面板和微机键盘两套系统进行指令控制。

　　1. 液晶显示面板操作

　　(1) 连好试验机电源线及各通信线缆。

　　(2) 依次打开空气开关和钥匙开关。

　　(3) 试验机正常启动后进入主界面,如图 8-14 所示。

　　(4) 试验机清零。试验机正常开启后,安装好夹具及试样,若各

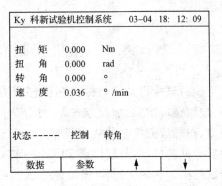

图 8-14　显示控制面板的初始界面

通道数据有初始值,实验前必需清零,否则会影响实验结果。

　　(5) 按下[.]键,状态处于“试验开始”。

　　(6) 此时按上升键[↑]或下降键[↓],开始实验。

　　(7) 当试样断裂或超过传感器满量程时自动停车并记录本次实验结果。此时屏幕状态处于“试验结束”。

　　(8) 如果实验前未按下[.]键,需要手动控制停车,停车后需要将移动横梁向相反方向移动,以卸掉加载的扭矩。当扭矩卸载到小于某一值时,自动停车,此时才可记录本次实验结果。

　　(9) 实验结束后,进入界面查看本次实验结果数据。

2. 微机控制操作

（1）将试件装入扭转试验机夹槽内，用内六角扳手旋紧螺丝，固定好试件。连好试验机电源线及各通信线缆。

（2）接通电源，依次打开试验机电源开关和空气开关。

（3）开启控制电脑，打开 P-MAIN 试验软件程序，联机。

（4）分别点击"试样录入"及"参数设置"菜单，按照提示输入参数。（注意，开始的试验速度不宜过大）。

（5）点击"试验开始"，选择合适的试验曲线种类（一般选择"扭矩-转角"曲线）。

（6）如有必要可以改变试验速度，单击"确定"予以确认。

（7）试件断裂后点击"试验结束"，结束实验，保存实验结果。

（8）拆除断裂试件，进行下一次实验。

（9）实验全部结束后，脱机退出程序，关闭试验机电源，关闭电脑，关闭总电源开关。

8.6 微机控制高频疲劳试验机

疲劳试验机是检测材料在循环应力作用下材料疲劳破坏性质的专用设备，按照循环次数、加载方式等，可分为高频疲劳与低频疲劳，拉压疲劳、弯曲疲劳、扭转疲劳等多种疲劳机型。4.6 节介绍了实验中仍在大量使用的纯弯曲疲劳试验机，本节以国产 PLG 系列产品为例，介绍新型的微机控制高频疲劳试验机。它属于拉伸-压缩疲劳试验机，主要用于进行测定金属、合金材料及其构件（如操作关节、固接件、螺旋运动件等）在室温状态下的拉伸、压缩或拉压交变负荷的疲劳特性、疲劳寿命、预制裂纹及裂纹扩展实验。配备相应实验夹具后，还可进行正弦荷载下的三点弯曲实验、四点弯曲实验、扭转疲劳实验、弯扭复合疲劳实验等。

8.6.1 结构组成与工作原理

PLG 系列高频疲劳试验机主要由主机、电器控制相、计算机和打印机等三部分组成，如图 8-15 所示。

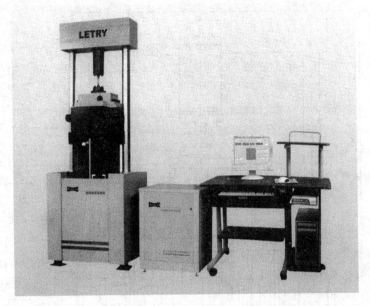

图 8-15　PLG-200 高频疲劳试验机

1. 主机

主机结构组成如图 8-16 所示。它基于共振振动原理工作,主要由两个并联弹簧 25,测力传感器 23,试样 20 及主振系统的质量构成振动系统。振动由激振器来激励和保持,当激振器产生的激振力的频率与振动系统的固有频率基本一致时,这个系统便产生共振,这时主质量在共振状态下所产生的惯性力往返地作用于试件,从而完成对试件的拉压疲劳实验。

图 8-17 是振动系统的基本原理示意图。主系统由主质量 m2 和主振弹簧 K2 及试样 K3 建立,激振器提供能量,使主质量在共振下振动。地面支撑弹簧 K1 与集合质量 m1、m2、m3 一起产生一个远低于试验机频率的共振频率以阻止基座质量 m1 相对于地面的振动。由砝码组成的附件激振质量 m3 支撑着电磁铁,并通过两个激振弹簧 K4 附加在试验机的主振质量 m2 上,同时,弹簧 K4 又将主质量 m2 的工作振动消减。因此,这个系统具有远低于试验频率的振动频率,能在机器处于共振状态时,基本保持着相对地面的静止状态。通过主振弹簧 K2 移动主质量 m2 为试样施加静态负荷时,激振质量 m3 则随着主质量 m2 产生同样的位移,使电磁铁和衔铁之间的空气间隙保持相对不变,即空气间隙与静态负荷无关。

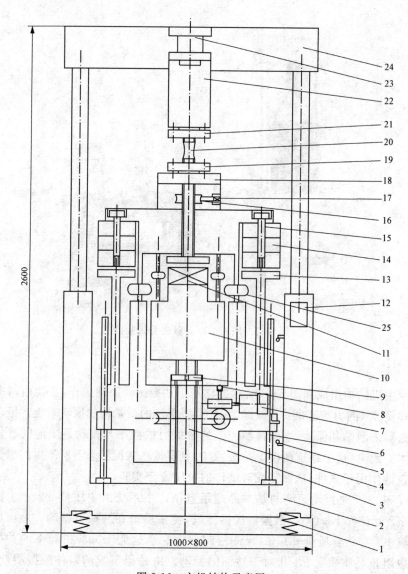

图 8-16　主机结构示意图

1-底座弹簧;2-底座;3-蜗轮箱;4-滚轴丝杠;5-行程开关;6-导向柱;7-步进电机;8-油杯;9-螺母;
10-平衡铁;11-电磁铁;12-按钮盒;13-砝码托盘;14-砝码;15-螺钉;16-蜗轮;17-蜗杆;18-试台;
19-下夹头;20-试样;21-上夹头;22-接杆;23-力传感器;24-横梁;25-大弓形弹簧

　　该试验机的转动部件均放在 U 形基座内,滚珠丝杠 4 固定在基座 2 中心,由电机 7 驱动涡轮传动机构、涡轮箱 3,并通过大弓形弹簧 25 带动试台 18

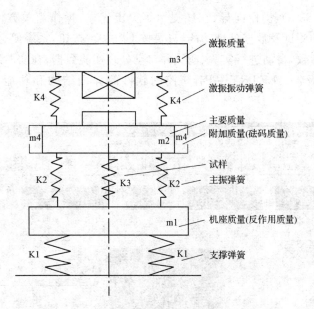

图 8-17 振动系统原理示意图

在滚珠丝杠 4 上无间隙的自由进退,以此实现试样上的静态拉伸或压缩。其进给速度由控制电机的按钮盒 12 两级可调。

2. 电器系统与控制

电器系统要产生一个与主机共振频率相一致、与振动阻尼力相位相反的激振力来抵消阻尼力,以维持系统振动。电路由传感器、前置放大器、峰值检出、给定、比较积分、推动、功放器组成。电器系统采用主从控制方式。主机为 PC 机,从机采用单片机,主从机之间通过 RS-232C 接口进行联络通信,所有控制装置装入电控箱内。电控箱内部分两个单元:一是由单片机电阻组成的控制调节器和功放驱动器单元,负责完成数据采集、保护判断、命令执行功能;二是由电机调速器、驱动变速器和电感线圈组成单元。

该试验机由于采用计算机控制技术,大大增强了系统的自监控能力,使实验系统开启后在无人情况下,可实现完成实验任务或到达预设疲劳次数自动安全停机、试样断裂保护、超载保护,自动化程度高,操作简单。

3. 系统控制软件

LETRY GP4.0 是该试验机配套的系统管理软件,具有按钮化的用户操作界面(图 8-18)、操作向导、在线提示等突出优点,操作简单方便;它提供了强大的自动测试及数据处理功能,只要按下"试验"按钮,系统便会依照预先设置的实验参数,自动进行实验、测试并自动处理实验数据,在实验结束后,自动打印实验报告。LETRY GP4.0 控制软件的界面结构和功能反映在 4 个方面。

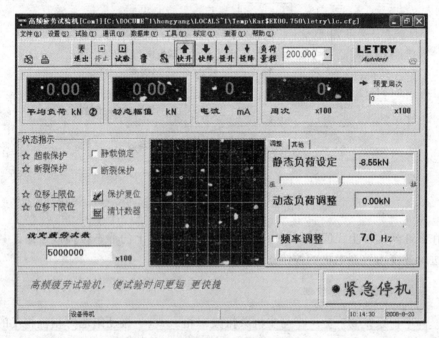

图 8-18　高频疲劳实验控制软件界面

(1) 菜单条:用于参数设置、实验控制、标定准确度、查看各类参数,帮助服务等。

(2) 操作按钮:设有参数设置快捷键、打印快捷键、实验退出、实验停止、实验开始、活动试台快速、慢速升、降以及负荷量程选择、静负荷调零等按钮。

(3) 工程量显示窗口:用于显示静态平均负荷、动态幅值、电流(参考功率)、实验频率和疲劳次数等。

(4) 状态指示:用于指示包括限位保护、超载保护、断裂保护等系统的保护状态。

8.6.2　系统操作

(1) 开机:打开测控箱电源开关,预热至少 15min;打开计算机电源开关,执行 Lc. EXE 程序。

（2）实验前准备工作：仔细检查各位置及紧固体是否锁紧；核对各指示值的零点位置；配放好所需要的砝码；调整负荷。

（3）安装试样：装试样前对静态负荷进行调零；装试样时必须将静态锁定置为关闭状态、动态停振方式下进行。

（4）静态加载：可通过手动控制器或计算机上的升降按钮进行加载。可用负荷锁定有效时死循环自动加载到静态设定值。当静负荷锁定有效时，将自动加载到设定负荷。

（5）进行实验：设置一定要求的实验参数后，按下实验按钮系统自动进入实验。实验停止时产生实验报告文件 LC. REP。

（6）卸试样：实验结束后要卸去试样上的负荷，保护传感器不受损坏。计算机必须处在静态速度方式、动态停振方式下进行。

（7）关机：依次退出实验程序；关闭测控柜电源；关闭打印机电源；关闭计算机电源。

8.6.3　注意事项与故障排除

（1）试样的各部尺寸应严格符合规定。试样的材质不得有任何缺陷（如夹杂物，裂痕等），同时还要特别注意影响疲劳极限的各有关因素，如坯料的切取、机械加工、热处理及表面加工状态等。

（2）实验停止后，应对传感器卸载。

（3）保证测控单元至少每星期通电两次，每次不少于一小时。

（4）打开控制箱电源开关风扇不转或调速器及变压器无 220V 交流，检查控制柜主电源是否送上。

（5）通电后操作按钮盒电机无动作，检查调速器是否有电、按钮盒及 A/D 联机是否联通。

（6）主机不启振，检查正负 60V 直流及励磁有没有，保险管 F1、F2 是否完好，是否功放管损坏，检查该部分电路并排除；注意更换保险丝时要用 1K/3W 电阻对 60V 电压进行放电。

（7）打开计算机并进入实验程序，屏幕显示"数据通讯错误，按任一键退出"，检查控制箱电源开关是否打开、RS-232C 口接线是否正确。

参 考 文 献

百度百科.http://baike.baidu.com/.

陈凡秀.2007.微结构动态变形的光学测试方法与应用研究.南京:东南大学博士学位
   论文.

陈巨兵,林卓英,余征跃.2007.工程力学实验教程.上海:上海交通大学出版社.

范钦珊,王杏根,陈巨兵等.2006.工程力学实验.北京:高等教育出版社.

盖秉政.2006.实验力学.哈尔滨:哈尔滨工业大学出版社.

李洪升.2007.基础力学实验.大连:大连理工大学出版社.

聂毓琴,吴宏.2006.材料力学实验与课程设计.北京:机械工业出版社

武际可.2004.科学实验与力学——力学史杂谈之十六.力学与实践,26:78～80.

谢传锋,程耀,王士敏等.1999.动力学(Ⅱ).北京:高等教育出版社.

熊丽霞,吴庆华.2006.材料力学实验.北京:科学出版社.

张如一,陆耀桢.1981.实验应力分析.北京:机械工业出版社.

朱铉庆,彭华,林树等.2006.材料力学实验.武汉:武汉大学出版社.

Rosner L.2007.Chronology of Science.北京:科学出版社.